高等学校计算机应用规划教材

C语言程序设计

高禹　主编

冯相忠　主审

顾沈明　刘军　亓常松　副主编

清华大学出版社

北京

内容简介

C语言是国内许多高校为学生开设的第一门程序设计语言课程。C语言具有很强的实用性，它既可用来编写系统软件，也可用来编写各种应用软件。

本书主要内容包括：C语言概述，数据类型、运算符与表达式，程序设计初步，选择结构程序的设计，循环结构程序的设计，数组，函数，预处理命令，指针，结构体与其他数据类型，位运算，文件等。书中安排了大量程序设计实例，通过实例使读者能够更好地掌握运用C语言进行程序设计的方法和技巧。

本书既可作为高等院校应用型本科专业学生的教材，也可供自学者以及参加C语言计算机等级考试者阅读参考。

为了使读者更好地掌握C语言，清华大学出版社还出版了与本教材配套的学习指导与实验辅导教材：《C语言程序设计学习指导与实验教程》，书号：978-7-302-24344-1。

本书对应的电子教案和实例源文件可以到http://www.tupwk.com.cn/downpage网站下载。

图书在版编目(CIP)数据

C语言程序设计/高禹 主编. —北京：清华大学出版社，2011.1

(高等学校计算机应用规划教材)

ISBN 978-7-302-24345-8

I. ①C… II. ①高… III. ①C语言—程序设计—高等学校—教材 IV. ①TP312

中国版本图书馆CIP数据核字(2010)第248687号

责任编辑：胡辰浩(huchenhao@263.net)　袁建华
装帧设计：孔祥丰
责任校对：成凤进
责任印制：王秀菊
出版发行：清华大学出版社　　**地　址**：北京清华大学学研大厦A座
http://www.tup.com.cn　　**邮　编**：100084
社　总　机：010-62770175　　**邮　购**：010-62786544
投稿与读者服务：010-62776969，c-service@tup.tsinghua.edu.cn
质　量　反　馈：010-62772015，zhiliang@tup.tsinghua.edu.cn
印　刷　者：北京密云胶印厂
装　订　者：北京鑫海金澳胶印有限公司
经　　销：全国新华书店
开　　本：185×260　**印　张**：15　**字　数**：346千字
版　　次：2011年1月第1版　　**印　　次**：2011年1月第1次印刷
印　　数：1～5000
定　　价：26.00元

产品编号：040519-01

前　言

C 语言是广泛使用的一种计算机语言，由于它功能丰富，灵活性强，可移植性好，语言简洁，应用面广，因此深受广大用户的喜爱。C 语言具有较强的实用性，它既可以用来编写系统软件，也可以用来编写各种应用软件。

C 语言程序设计既是计算机专业的必修课程，也是国内许多高校为非计算机专业学生开设的一门程序设计语言课程。对于从未接触过程序设计语言的学生来说，在规定的有限学时内，掌握好 C 语言具有一定的难度。作者在编写本书时，根据多年从事 C 语言教学的经验，充分地考虑到了以上实际情况。

本书的编写具有如下主要特点。

1. 本书在编写过程中，充分考虑到了高等院校培养应用型本科专业学生的要求，在内容的编排上充分考虑了初学者的要求。

2. 本书内容的组织遵循深入浅出、通俗易懂的原则，首先采用精练的语言介绍每章的知识点，然后选择学生容易理解的问题作为实例，结合该章知识讲解程序设计的方法和技巧。

3. 本书编写本着实用的原则，重点放在如何使用 C 语言来解决实际问题，在丰富的例题中包含了各种常见问题，对于例题中出现的解决每个问题的算法都有较详细的解释。

4. 与本书相配套，我们还编写了《C 语言程序设计学习指导和实验教程》，对各章知识的要点和难点进行了整理归纳和深入分析，为读者准备了各种类型的习题，并且给出了习题的参考答案，为读者设计了各种上机实验项目并详细说明了每个实验的目的和内容。

5. 本书内容覆盖了“C 语言计算机等级考试”的内容。

全书共分 12 章：第 1 章介绍了 C 语言的发展历史、特点及源程序结构；第 2 章介绍了 C 语言的基本数据类型、运算符和表达式；第 3 章介绍了 C 语言基本的输入输出操作和顺序结构程序设计；第 4 章介绍了 C 语言的选择结构程序设计；第 5 章介绍了 C 语言的循环结构程序设计；第 6 章介绍了 C 语言的数组；第 7 章介绍了 C 语言函数的使用、变量的存储类别；第 8 章介绍了 C 语言的预处理命令；第 9 章介绍了 C 语言的指针的使用；第 10 章介绍了 C 语言的结构体和其他数据类型；第 11 章介绍了 C 语言的位运算；第 12 章介绍了 C 语言的文件的概念及操作。

本书条理清晰、语言流畅、通俗易懂，实用性强。本书既可以作为高等院校应用型本科专业学生的教材，也可以供自学者以及参加 C 语言计算机等级考试者阅读参考。

除主编和副主编外，参加本书编写工作的还有章毓凤、谭小球、张建科、陈荣品、徐妙君、江有福、李鑫、朱顺乐、王广伟、管林挺、乐天等。

由于编者水平有限，书中难免存在错误与不足，诚恳欢迎读者批评指正。我们的联系方式为信箱：huchenhao@263.net，电话：010-62796045。

编　者

目　　录

第1章　C语言概述

C 语言是一门非常优秀的结构化程序设计语言，它具有简洁、紧凑、灵活和可移植性强等优点，深受广大编程人员的喜爱，并得到广泛的应用。

本章主要介绍了 C 语言的发展历史、C 语言的特点以及 C 语言是如何编译、连接和运行的。

1.1　C 语言的发展历史简介

C 语言是美国贝尔实验室的 Dennis Ritchie 于 1972 年开发出来的，并首次在 UNIX 操作系统的 DEC PDP-11 计算机上使用，C 语言是由早期的 B 语言发展演变而来的。在 1970 年，贝尔实验室的 Ken Thompson 根据 BCPL(Basic Combined Programming Language)语言设计出了较简单且接近硬件的 B 语言，但 B 语言过于简单，功能有限，所以 Dennis Ritchie 在此基础上开发出了 C 语言，C 语言既保持了 B 语言的优点，又克服了它的缺点。

最初的 C 语言只能在大型计算机上执行，随着微型计算机的日益普及，它被移植到微机上来，并且出现了许多不同版本的 C 语言。由于没有统一的标准，使得这些 C 语言之间出现了一些不一致的地方。为了改变这种情况，1983 年美国国家标准化协会(ANSI)为 C 语言制定了标准，即 ANSI C，1987 年，ANSI 又公布了新的标准，即 87 ANSI C。现在流行的各种 C 语言版本都是以它为标准的。微机上正在使用的 C 语言有 Turbo C、Borland C、Microsoft C、Quick C 等。

1.2　C 语言的特点

C 语言由于其功能强大，早已成为最受欢迎的语言之一。许多著名的软件都是用 C 语言编写的。C 语言具有如下一些特点。

(1) 语言简洁、紧凑，使用方便、灵活，具有丰富的运算符和数据结构。C 语言一共只有 32 个关键字、9 种控制语句、34 种运算符。C 语言把括号、赋值、强制类型转换等都作为运算符处理，从而使得 C 语言的运算类型极其丰富，表达式类型多样化。C 语言的数据类型有：整型、实型、字符型、枚举类型、数组类型、指针类型、结构体类型、共用体类型等，使用这些数据类型可以实现各种复杂的数据结构运算。

(2) C 语言允许直接访问物理地址，能进行位操作，能实现汇编语言的大部分功能，可以直接对硬件进行操作。因此，C 语言既具有高级语言的功能，又具有低级语言的许多功能，可用来编写系统软件。C 语言既是成功的系统描述语言，又是通用的程序设计语言，人们通常称之为“中级语言”，即它兼有高级和低级语言的特点。

(3) C 语言具有结构化的控制语句(如 if…else 语句、while 语句、do…while 语句、switch 语句、for 语句)，用函数作为程序模块以实现程序的模块化，是结构化的理想语言，符合现代编程语言风格的要求。

(4) 语法限制不太严格，程序设计自由度大。例如，对数组下标越界不作检查，由程序编写者自己来保证程序的正确性。对变量的类型使用比较灵活，例如，整型数据与字符型数据以及逻辑型数据可以通用。一般的高级语言语法检查比较严格，能检查出几乎所有的语法错误。而 C 语言允许程序编写者有较大的自由度，因此放宽了语法的检查。程序员应当仔细检查程序，来保证其正确，而不要过分依赖 C 编译程序来检查错误。

(5) 用 C 语言编写的程序可移植性好(与汇编语言相比)。在某一系统编写的程序，基本上不作任何修改就能用于其他类型的计算机和操作系统上运行。

(6) 生成目标代码质量高，程序执行效率高。一般只比汇编程序生成的目标代码效率低 10%~20%。

C 语言的以上特点，使得 C 语言功能强大、应用广泛，用 C 语言可以编写出任何类型的程序，它既可用来编写系统软件，也可以用来编写各种应用软件。但同时 C 语言对编程人员也提出了更高的要求，编程人员学习 C 语言和学习其他的高级语言相比，必须花费更多的心思在学习 C 语言的语法上，尤其是指针的应用，常让初学者摸不着边际。但是，一旦熟悉了 C 语言的语法，便可以享受到 C 语言所带来的便利性与快捷性。

1.3　C 语言源程序举例

通过上一节的介绍，我们了解了一些 C 程序的特点，下面通过几个简单的 C 程序实例，让我们进一步来分析 C 程序的结构特点。

例 1.1　编写一个 C 语言程序，在屏幕上显示两行信息，分别是“How are you！”和“Welcome you!”。

程序代码如下：

```
# include <stdio.h>
int main( )
  {
      printf("How are you!\n");
      printf("Welcome you!");
      return 0;
      }
```

程序运行的结果是输出两行文本信息，如下：

```
How are you!
Welcome you!
```

C 程序是由许多函数组合而成的，而在函数里面又可以再调用其他函数。上面的程序中，main 表示“主函数”，每一个 C 程序都必须有一个 main 函数，它是程序执行的入口，main 前面的 int 表示函数的返回类型，即 main 函数为整型类型。程序中一对大括弧 { } 括起来的部分称为函数体。函数体内的 printf 是 C 语言中的输出函数，双引号内的字符串按原样输出，“\n”是换行符，即在输出“How are you!”之后回车换行，然后在屏幕的下一行输出“Welcome you!”，每个语句结尾为一个分号。函数体内的 return 语句为主函数结束时的返回值，由于 main 函数的类型为整型(int)，因此返回值必须为一个整型值，一般而言，返回值为 0 表示正常返回。程序中的# include <stdio.h>表示把尖括号<>内的 stdio.h 文件包含到本程序中来，stdio 为 standard input/output 的缩写，即标准输入输出，C 语言中有关输入输出函数的格式均定义在这个文件里。

例 1.2　计算两个整数 a,b 之和，并在屏幕上显示结果。

程序代码如下：

```
#include <stdio.h>
int main ( )                          /*主函数*/
{
   int a,b,sum;                       /*定义变量*/
   a=111;b=222;                       /*为变量赋值*/
   sum=a+b;                           /*求两数之和*/
   printf ("sum is: %d", sum);        /*输出 sum 的值*/
   return 0;
   }
```

程序运行的结果是输出两个整数 a 和 b 的和 sum，显示结果如下：

```
sum is: 333
```

在程序中，/*……*/表示注释部分，为了便于理解，我们用汉字表示注释，当然也可以用英语或汉语拼音作注释。注释只是用于解释程序，对编译和运行不起任何作用。本程序中，在函数体内(即一对大括号之间)的第一行是变量定义部分，定义了 3 个整型变量；第二行是两个赋值语句，使 a 和 b 的值分别为 111 和 222；第三行使 sum 的值为 a 和 b 之和，即为 333；第四行 printf 是输出函数，其中的“%d”表示输出 sum 时的数据类型和格式为“十进制整数类型”，在执行输出时，此位置上代以一个十进制整数值，printf 函数中括弧内最右端的 sum 是要输出的变量，现在它的值是 333，因此输出的信息为“sum is: 333”。

例 1.3　输入两个整数，调用自定义函数来计算 a、b 之和，并在屏幕上输出结果。

程序代码如下：

```
#include <stdio.h>
int sumab (int x, int y);                  /*函数声明*/
int main ( )                               /*主函数*/
{
   int a,b,sum;                            /*定义变量*/
   printf("input a and b:");               /*提示字符串*/
   scanf ("%d %d", &a, &b);                /*输入变量 a 和 b 的值*/
```

```
    sum=sumab(a,b);                          /*调用 sumab 函数*/
    printf("sum=%d", sum);                   /*输出 sum 的值*/
    return 0;
}
int sumab (int x, int y)                     /*定义 sumab 函数，并定义形参 x、y */
{
    int z;
    z=x+y;
    return z;
}
```

程序由两个函数组成，即由主函数 main 和函数 sumab 组成。函数 sumab 的功能是求两个整数之和并返回给主函数。sumab 函数是一个用户自定义函数，有两个整型的形参 x 和 y，它是一个具有整型类型返回值的函数。main 函数前面的函数声明语句“int sumab (int x, int y);”表明 sumab 是一个有两个整型的形参并返回一个整型类型值的函数。这样的函数声明叫做函数原型，它要与函数的定义和调用相一致。

本程序的执行过程如下：首先在屏幕上显示提示字符串，请用户输入两个数，回车后由 scanf 函数语句接收这两个数并送入变量 a、b 中，然后调用 sumab 函数，并把 a 和 b 的值传递给 sumab 函数的参数 x 和 y，在 sumab 函数中，计算 x 和 y 二者之和赋给变量 z，并由 return 语句把变量 z 的值返回给主函数 main，然后赋值给变量 sum，最后由 printf 函数在屏幕上输出 sum 的值。

从以上 3 个例子可以看出，C 源程序的结构特点如下。

(1) 一个 C 语言源程序由若干个函数构成，其中有且仅有一个主函数(main 函数)。

(2) 一个函数由函数首部(即函数第一行)和函数体(即函数首部下面的大括号内的部分)组成。函数首部包括函数类型、函数名和放在圆括号内的若干个参数。函数体由声明部分和执行部分组成。

(3) C 程序书写格式自由，一行内可以写多条语句，一个语句也可以分写在多行中，且语句中的空格和回车符均可忽略不计。

(4) 程序的注释内容放在/*和*/之间，/和*之间不允许有空格；注释部分允许出现在程序中的任何位置。

1.4　C 程序的编辑、编译、连接和运行

1. 编辑程序

用编辑软件将 C 源程序输入计算机，经修改认为无误后，保存为一个文件。C 源程序文件的后缀为“.C”。可用于编写 C 源程序的编辑软件有很多，而在本书中，DOS 环境下，使用 Turbo C；Windows 环境下，使用 WIN TC(Turbo C 的 Windows 版本)。

2. 编译程序

程序编辑完之后，在 Turbo C 或 WIN TC 下通过快捷键或者选择菜单的方式进行编译，编译的过程是把 C 源代码转换为计算机可识别的代码。如果在编译过程中发现源程序有语法错误，则系统会输出出错信息，告诉用户第几行有错误，用户重新修改源程序再进行编译，如此反复直至编译通过为止。编译通过后生成目标程序，目标程序的文件名与相应的源程序同名，但后缀为“.obj”。

3. 连接程序

将目标程序和库函数或其他目标程序连接，即可以生成可执行程序，可执行程序的文件名与相应的源程序同名，但后缀为“.exe”。在 Turbo C 或 WIN TC 下是通过快捷键或选择菜单的方式进行连接的。

4. 运行程序

只要输入可执行文件的文件名即可运行程序。在 Turbo C 或 WIN TC 下是通过快捷键或选择菜单的方式运行程序的。

上述的编辑、编译、连接、运行程序的过程如图 1.1 所示。

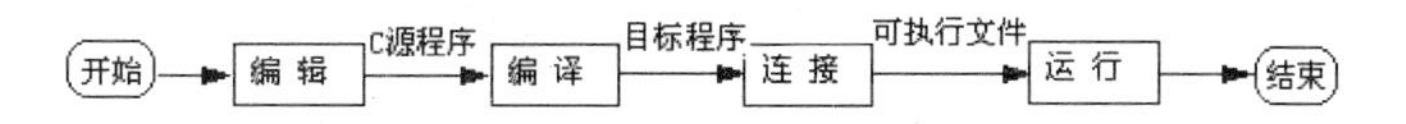

图 1.1　C 程序的执行过程示意图

1.5　习　题

1. 简述 C 程序的结构特点。
2. 写出一个 C 程序的构成。
3. 分别编写完成如下任务的程序，然后上机编译、连接并运行。

(1) 输出两行字符，第 1 行是“The computer is our good friends!”，第 2 行是“We learn C language.”。

(2) 从键盘输入变量 a、b 的值，分别计算 a+b、a-b 的值，将计算结果分别存放在变量 c、 d 中，最后输出计算结果。

第2章　数据类型、运算符与表达式

本章主要介绍C程序中经常用到的常量、变量、基本数据类型(整型、实型、字符型)、运算符(算术运算符、赋值运算符、强制类型转换运算符、自增自减运算符、逗号运算符、求字节运算符)和表达式(算术表达式、赋值表达式、逗号表达式)等内容。

2.1　C语言的数据类型

在程序中要使用数据，对每一个数据都要指定其数据类型，C语言提供了如下数据类型：

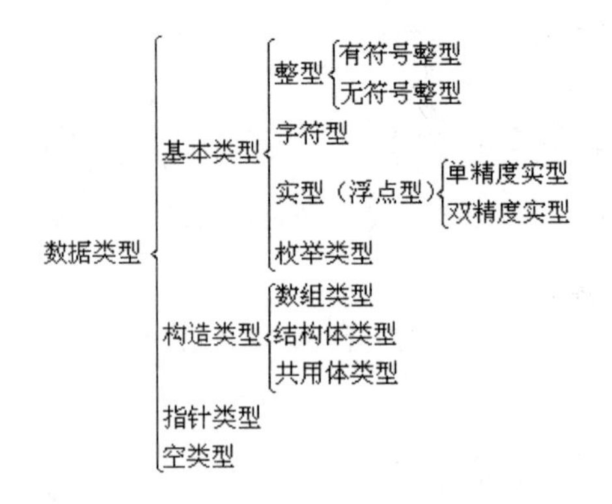

本章将介绍整型、实型和字符型的用法。

2.2　常量和变量

2.2.1　常量

在程序运行过程中，其值不能被改变的量称为常量。

常量分为以下几种：

(1) 整型常量(如369、0、-547)；

(2) 实型常量(如2.71828、-9.8、3.14159)；

(3) 字符常量(如‘A’、‘a’、‘#’、‘3’)；

(4) 符号常量——用一个标识符代表一个常量。例如，如果在程序开始有这样的预处理命令：“# define　N　10”，那么C预处理程序会将程序中所有的N都用10代替。

2.2.2　变量

在程序运行过程中，其值可以被改变的量称为变量。

在使用一个变量之前，必须先定义该变量，就是为该变量起个名字并声明其数据类型。根据定义，编译系统在内存中为该变量分配存储单元，在该存储单元中存放该变量的值。

用来标识变量名(或符号常量名、函数名、数组名、类型名、文件名)的有效字符序列称为标识符。C 语言规定，标识符只能由英文字母、数字、下划线三种字符组成，并且第一个字符必须是字母或下划线。

注意，大写英文字母和小写英文字母是不同的字符，例如 aver 和 Aver 是两个不同的标识符。为变量起名字时一般用小写英文字母。

变量定义的一般格式如下：

[存储类型]　数据类型　　变量名 1[, 变量名 2……];

例如：　int　a, b, number, sum;

在定义变量的同时对变量进行赋初值的操作称为变量初始化。变量初始化的一般格式如下：

[存储类型] 数据类型　变量名 1[=初值 1][, 变量名 2[=初值 2]……];

例如：float　radius=2.5, length=3.6, area;

2.3　整 型 数 据

2.3.1　整型常量

整型常量即整常数，在C语言中，整型常量可以用如下 3 种形式表示：

(1) 十进制，例如 456、0、-789。

(2) 八进制(以数字 0 开头)，例如 0123，即$(123)_8$，等于十进制的 83。

(3) 十六进制(以数字 0 +小写字母 x 开头)，例如 0x23，即$(23)_{16}$，等于十进制的 35。

2.3.2　整型变量

根据变量的取值范围，整型变量可分为：基本整型(类型关键字为 int)、短整型(类型关键字为 short　[int])、长整型(类型关键字为 long　[int])。

对于以上 3 种都可以加上修饰符 unsigned，以指定是“无符号数”。不加修饰符 unsigned 的，隐含是有符号(signed)。即有符号的，signed 可以省略不写。

归纳起来，整型变量有以下 6 种：

有符号基本整型　　[signed] int

无符号基本整型　　unsigned [int]

有符号短整型　　　[signed] short [int]

无符号短整型　　unsigned short [int]

有符号长整型　　[signed] long [int]

无符号长整型　　unsigned long [int]

其中，方括弧内的部分可以省略，如 unsigned long [int]与 unsigned long 等价。

例如，下面分别定义了有符号基本整型变量 a 和 b、无符号长整型变量 c 和 d：

```
int    a, b;
unsigned long    c, d;
```

数据在内存中是以二进制形式存放的。若不指定是无符号型 unsigned 或者指定是有符号型 signed，则存储单元的最高位是符号位(0 为正，1 为负)。若指定是无符号型 unsigned，则存储单元的全部二进制位(bit)都用来存放数本身，而不包括符号。

C 标准没有具体规定以上各类数据所占内存大小，只要求 long 型数据不短于 int 型，short 型不长于 int 型，怎样实现由计算机系统自行决定。例如，在微机上，short 型和 int 型占 2 个字节，long 型占 4 个字节。

表 2.1 列出了 ANSI 标准定义的各种整数类型和有关数据，其中“最小取值范围”是指不能低于此值，但可高于此值，如有的 C 编译系统规定一个 int 型数据占 4 个字节。

注意，一个基本整型变量只能取-32768~32767 范围内的整数，超出范围就会发生“溢出”现象，但程序运行并不报错。其他类型也有取值范围，超出范围也会“溢出”。所以要根据实际情况，准确选择变量的类型，避免超出能取值范围。

表 2.1　ANSI 标准定义的各种整数类型和有关数据

类　　型	字 节 数	最小取值范围	
[signed] int	2	-32768~32767	即　-2^{15}~$(2^{15}-1)$
unsigned [int]	2	0~65535	即　0~$(2^{16}-1)$
[signed] short [int]	2	-32768~32767	即　-2^{15}~$(2^{15}-1)$
unsigned short [int]	2	0~65535	即　0~$(2^{16}-1)$
[signed] long [int]	4	-2147483648~2147483647	即　-2^{31}~$(2^{31}-1)$
unsigned long [int]	4	0~4294967295	即　0~$(2^{32}-1)$

2.3.3　整型数据的输入输出

可以使用 scanf 函数和 printf 函数进行数据的输入与输出。

scanf 函数的功能是按照指定格式将标准输入设备输入的内容送入变量中，printf 函数的功能是按照指定格式在标准输出设备上显示数据。“指定格式”需要使用格式说明符%和格式字符，显示整型数的格式字符有英文字母 d、o、x、u 等。

具体含义如下：

%d——表示把数据按十进制整型输入(输出)；

%o——表示把数据按八进制整型输入(输出)；

%x——表示把数据按十六进制整型输入(输出)；

%u——表示把数据按无符号整型输入(输出)。

除了%d 格式之外，上面的其余几种格式都将数据作为无符号数进行输入(输出)。

如果输入(输出)的是长整型数，一定要在转换字符的前面加上字符 l(字符 L 的小写)，否则显示可能不对。

例 2.1　整型数据的输出。

```
#include <stdio.h>
int main()
{ int a=200,b=100,c;
   c=a+b+15;
   printf("%d,%d,%d,%d\n", a,b,c,a-b-70);
   printf("%o,%o,%o,%o\n", a,b,c,a-b-70);
   printf("%x,%x,%x,%x\n", a,b,c,a-b-70);
   getch();
   return 0;
}
```

输出结果如下：

```
200, 100, 315, 30
310, 144, 473, 36
C8, 64, 13b, 1e
```

例 2.2　整型数据的输入。

```
#include <stdio.h>
int main()
{ int a,b,c;   unsigned d; long e;
   scanf("%d,%o,%x,%u,%ld ", &a,&b,&c,&d,&e);
   printf("%d,%d,%d,%u,%ld \n", a,b,c,d,e);
   return 0;
}
```

若输入为：

```
10, 10, 10, 65533, 654321 ↙(回车符)
```

则输出结果为：

```
10, 8, 16, 65533, 654321
```

2.4　实型数据

2.4.1　实型常量

实数又称浮点数，有两种表示形式：

(1) 十进制小数形式：由数字和小数点组成(必须有小数点)，例如 3.14159、0.0、

9.0、.12345、-9.8 等。

(2) 指数形式：<尾数>E(或 e)<指数>。例如，1.23E3、2.71e-5(分别代表 1.23×10^{3}、2.71×10^{-5})等。注意：E(或 e)的两边必须有数字，且后面的指数必须是整数。

一个实数有多种指数表示形式。例如，314.159 可以表示为 3141.59E-1、314.159E0、3.14159E2、0.314159E3 等，把其中的 3.14159E2 称为“规范化的指数形式”，即小数点左边有且只有一位非零数字。

2.4.2 实型变量

实型变量分为单精度型和双精度型，有的 C 版本还支持长双精度型(long double)。

(1) 单精度型：类型说明符为 float，在内存中占 4 个字节(32 位)，有效数字的个数是 7 位十进制数字，数值范围为-3.4×10^{-38}~3.4×10^{38}。

(2) 双精度型：类型说明符为 double，在内存中占 8 个字节(64 位)，有效数字的个数是 15 位十进制数字，数值范围为-1.7×10^{-308}~1.7×10^{308}。

2.4.3 实型数据的输入输出

可以使用%f 和%e 来控制输入(输出)float 类型的数据，使用%lf 和%le 控制输入(输出) double 类型的数据。

例 2.3 实型数据的输入输出。

```
#include <stdio.h>
int main()
{ float a,b; double x,y;
   scanf("%f,%e,%lf,%le", &a,&b,&x,&y);
   printf("%f,%e,%lf,%le \n", a,b,x,y);
   return 0;
}
```

若输入为：

3.1415, 314.15, 123.456, 12345.6 ↙(回车符)

则输出结果为：

3.141500, 3.14150e+02, 123.456000, 1.23456e+04

若输入为：

3.1415926, 666.666666, 123456789.123456789, 123456.7898765 ↙

则输出结果为：

3.141593, 6.66667e+02, 123456789.123457, 1.23457e+05

从结果可知：对于十进制小数形式，单精度型和双精度型的有效数字分别是 7 位和 15 位。对于十进制指数形式，都是 6 位有效数字。

2.5　字符型数据

2.5.1　字符型常量

C 语言的字符型常量是用一对单引号括起来的单个字符，例如，‘A’、‘3’、‘a’、‘?’等都是字符型常量。注意‘A’和‘a’是不相同的。

还有一种特殊形式的字符型常量，就是以转义符“\”开头的一些字符构成的转义序列。例如，‘\n’表示“回车换行”。常见的转义字符如表 2.2 所示。

表中\ddd 表示 1 到 3 位 8 进制数所代表的字符，例如‘\101’代表字符‘A’，‘\77’代表字符‘？’，‘\43’代表字符‘#’等。

表中\xhh 表示 1 到 2 位 16 进制数所代表的字符，例如‘\x61’代表字符‘a’，‘\x23’代表字符‘#’。

表中\t 表示横向跳格，跳到下一个制表位置，一个制表区占 8 列，执行‘\t’就是将当前位置跳到下一个制表区的开头。

注意：\r 和\n 的区别，一个是将当前位置移到本行开头，一个是将当前位置移到下一行开头。

表 2.2　常见的转义字符及其含义

字 符 形 式	含　义
\a	警告声
\b	退格，将当前位置移到前一列
\f	换页，将当前位置移到下一页开头
\n	换行，将当前位置移到下一行开头
\r	回车，将当前位置移到本行开头
\t	横向跳格，跳到下一个 tab 位置
\\	反斜线字符
\’	单撇号字符
\”	双撇号字符
\ddd	1 到 3 位 8 进制数所代表的字符
\xhh	1 到 2 位 16 进制数所代表的字符
\0	字符串终止字符

例 2.4　转义字符的使用。

```
#include <stdio.h>
int main()
{ printf("A\102\x43\\DE\t\b\b\x23\43\x61\x62\n");
  printf("\'A\'\53\"\101\"\t\b\43\141\142\x63\b\x64\n");
```

```
    return 0;
}
```

输出结果如下：

```
ABC\DE##ab
'A'+"A"#abd
```

2.5.2 字符串常量

字符串常量是用一对双引号括起来的若干个字符序列。例如：“How are you”，“No.345”。C 编译程序在存储字符串常量时自动采用字符‘\0’作为字符串结束标志，字符‘\0’的 ASCII 码值为 0，它不引起任何控制动作，也不是一个可显示的字符。因此，字符串“Good”在内存中占 5 个字节数，而不是 4 个，如下所示：

G	o	o	d	\0

注意：‘A’和“A”是不同的，‘A’是字符常量，在内存中占 1 个字节数；而“A”是字符串常量，在内存中占 2 个字节数，包含‘A’和‘\0’两个字符。

2.5.3 字符型变量

字符变量的类型说明符为 char，例如：“char　c1，c2；”定义了两个字符型变量。

字符型变量用来存储字符常量，一个字符型变量只能存储 1 个字符，即只能存储 1 个字节的信息，就是说一个字符型变量在内存中占一个字节。例如，用如下语句给上面定义的字符变量 c1、c2 赋值：

```
c1='A'; c2='B';
```

将一个字符常量放到一个字符型变量中，实质上是将该字符常量对应的 ASCII 代码放到了字符型变量中，系统为字符型变量所分配的一个字节的存储单元中，存放的是该字符常量的二进制形式的 ASCII 代码，例如‘A’的 ASCII 代码是 65，65 的二进制形式是 01000001，所以系统为 c1 所分配的一个字节中，存放的是 01000001。

2.5.4 字符数据的输入输出

可以使用%c 控制输入(输出)char 类型的数据。

例 2.5　字符变量值的输入输出。

```
#include <stdio.h>
int main()
{ char c1,c2,c3='P';
   scanf("%c", &c1);
   c2='D';
   printf("%c%c%c" ,c1,c2,c3);
   printf("，%c，%c，%c \n " ,c1,c2,c3);
   return 0;
```

```
}
```

若输入为：

G ↙

则输出结果为：

GDP, G, D, P

例 2.6　将大写英文字符转换为小写英文字符。

```
#include <stdio.h>
int main()
{ char c1,c2;
   printf("请输入 2 个两个大写英文字符：");
   scanf("%c, %c",&c1,&c2);
   printf("%c%c     ", c1, c2);
   c1=c1+32;   c2=c2+32;
   printf("%c, %c\n " , c1, c2);
   return 0;
}
```

若输入为：

A, B ↙

则输出结果为：

AB　　a, b

执行“scanf("%c，%c ",&c1,&c2);”语句，从键盘输入字符 A 和 B 后，c1 的值为‘A’(ASCII 码值是 65)，c2 的值为‘B’(ASCII 码值是 66)，执行“printf("%c%c" ,c1,c2);”语句后，屏幕上显示了“AB”。接着执行“c1=c1+32;c2=c2+32;”两个语句，执行后 c1 的 ASCII 码值变为 97，c2 的 ASCII 码值变为 98。97 和 98 分别是字符‘a’和‘b’的 ASCII 码值，即 c1 和 c2 中存储的分别是‘a’、‘b’。所以，最后执行“printf("%c,%c \n " ,c1,c2);”语句，屏幕上显示的是“a, b”。

同样地，也可以实现小写英文字符到大写英文字符的转换。

2.6　算术运算符和算术表达式

2.6.1　算术运算符

基本的算术运算符有如下 5 种：

- +：加法运算符或正值运算符，如 13+25、+9；
- -：减法运算符或负值运算符，如 32-15、-2；

- *：乘法运算符，如 4*7、5.6*7.8；
- /：除法运算符，如 32/5、1.23/3.45；
- %：求余数运算符，或称取模运算符，如 8%5 的值为 3。

关于除法运算符/，若是两个整数相除，其商为整数，小数部分被舍弃。例如，5/2 的结果不是 2.5，而是 2；12/24 的结果是 0；若除数和被除数中有一个是浮点数(实数)，则与数学的运算规则相同，例如，6/4.0、6.0/4、6.0/4.0 的结果都是 1.5。

关于求余数运算符%，要求两侧的操作数均为整型数据，结果的符号与%左边的符号相同。例如，16%4 的结果是 0，-17%4 的结果是-1，18%-4 的结果是 2，-19%-4 的结果是-3。可以使用%运算来判断一个数能否被另一个数整除。

2.6.2　算术表达式

1. 算术表达式的概念

用算术运算符和圆括号将运算对象(常量、变量和函数等)连接起来的、符合 C 语言语法规则的式子，称为 C 算术表达式。

单个常量、变量或函数，可以看作是表达式的一种特例。

例如，数学表达式(2x+3y)÷(4xy)，写成 C 语言的算术表达式，应该是：(2*x+3*y)/(4*x*y)，或(2*x+3*y)/4/x/y，而不能是(2x+3y)/(4xy)，也不能是 2*x+3*y/(4*x*y)，也不能是(2*x+3*y)/4*x*y。

算术表达式的结果不应该超过其能表示的数的范围。例如，int 型数的范围是-32768 至 32767，下面程序中的算术表达式 x+y 超过了 32767，赋给 z 显然是错误的。

```
main()
{ int   x, y, z;
  x=31500; y=24600;
  z=x+y;
  printf("%d", z);
}
```

如果将 x、y 和 z 定义为 long 型，就没有问题了。

2. 算术运算符的优先级与结合性

表达式求值时，按运算符的优先级别高低，按次序执行。算术运算符的优先级是：先乘除，后加减；求余运算的优先级与乘除相同；函数和圆括号的优先级最高。

所谓结合性是指：当一个操作数两侧的运算符具有相同的优先级时，该操作数是先与左边的运算符结合，还是先与右边的运算符结合？自左至右的结合方向，称为左结合性；反之，称为右结合性。

算术运算符的结合方向是“自左至右”，例如：在执行“a–b+c”时，变量 b 先与减号结合，执行“a–b”；然后再执行加 c 运算。

2.6.3　不同数据类型间的混合运算

在C语言中，整型、实型和字符型数据之间可以混合运算。

如果一个运算符两侧的操作数的数据类型不同，则系统按“先转换、后运算”的原则，首先将数据自动转换为同一类型，然后在同一类型数据间进行运算。

有两种转换方式：自动转换和强制转换。

1. 自动转换

自动转换就是系统根据规则自动地将两个不同数据类型的运算对象转换为同一数据类型。自动转换又称隐式转换。自动转换的规则如图 2.1 所示。

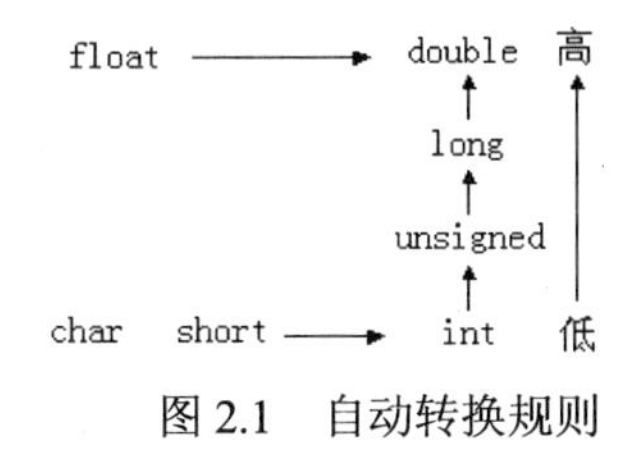

图 2.1　自动转换规则

在图 2.1 中，横向向右的箭头表示是必须的转换。char 和 short 型必须转换成 int 型参与运算，float 型必须转换成 double 型参与运算(即使是两个 float 型数据相加，也要先转换成 double 型，然后再相加)。

图 2.1 中，纵向箭头表示的是当运算对象为不同类型时转换的方向。例如，若 int 型与 double 型数据进行混合运算，则先将 int 型数据转换成 double 型，然后进行运算，结果为 double 型。纵向箭头的方向只是表示数据类型的高低，由低向高转换，不要理解为 int 型先转换成 unsigned 型，然后再转换成 long 型，然后再转换成 double 型。

注意，自动转换只是针对一个运算符两侧的两个运算对象，而不能对表达式中的所有运算符涉及到的运算对象做一次性的自动转换。例如，表达式 6.0/5+4.32 和表达式 6/5+4.32，前者的值是 5.52，后者的值是 5.32。因为 6.0/5 是先将 5 转换成实型后进行运算，值是 1.2，再与 4.32 相加，值是 5.52。而 6/5 是按 int 型运算，值是 1，再与 4.32 相加，值是 5.32；不要理解成将 6/5+4.32 中的每个数都转换成实型后再运算。

2. 强制转换

编写程序时，可以利用强制类型转换运算符将一个表达式的值转换成所需类型，强制转换的格式如下：

(类型名)(表达式)

例如：

(float)a(将 a 转换成 float 型。注意不能写成 float(a)。)

(int)3.45(将 3.45 转换成 int 型。)

(double)(7%6)(将 7%6 的值转换成 double 型。)

(float)(x+y)(将 x+y 的值转换成 float 型。注意不能写成(float)x+y。)

2.7　赋值运算符和赋值表达式

2.7.1　赋值运算符

1. 普通赋值运算符

普通赋值运算符是“=”，其作用是将运算符右侧表达式的值赋给运算符左侧的变量。

例如“x=1.23”的作用是将常量 1.23 赋给变量 x，“y=3*x+5.26”的作用是将表达式 3*x+5.26 的值赋给变量 y。

“x= x+1”的作用是：将变量 x 原来的值加 1 后再赋给变量 x，若变量 x 原来的值是 2，则执行“x= x+1”后，变量 x 的值是 3。

2. 复合赋值运算符

复合赋值运算符是在普通赋值运算符“=”的前面加上其他运算符，复合算术赋值运算符有如下 5 个：

+=、-=、*=、/=、%=

另外还有 5 种复合赋值运算符(<<=、>>=、&=、∧=、|=)，将在后面章节中介绍。

复合算术赋值运算符的使用规则为：Xop=Y 等价于 X=XopY，其中 X 代表被赋值的某个变量，op 代表+或-或*或/或%，Y 代表某个表达式。例如：

a+=9　　　等价于　a=a+9

b*=c+5　　等价于　b=b*(c+5)　　(注意不等价于 b=b*c+5)

d/=2*e-7　等价于　d=d/(2*e-7)　(注意不等价于 d=d/2*e-7)

2.7.2　赋值表达式

由变量、赋值运算符和表达式连接起来的式子称为赋值表达式。赋值表达式的值就是被赋值的变量的值。

例如，a=123 是一个赋值表达式，a=123 这个赋值表达式的值就是 a 的值，而 a 的值是 123，所以 a=123 这个赋值表达式的值就是 123。

b+=456 也是一个赋值表达式，b+=456 这个赋值表达式的值就是 b 的值，因为 b+=456 等价于 b=b+456，若 b 的初值是 300，则执行 b=b+456 后，b 的值是 756，所以 b+=456 这个赋值表达式的值就是 756。

下面是赋值表达式的其他几个例子：

```
x=(y=23)+(z=17)-8;
(x 的值是 32, 所以赋值表达式的值是 32)
x/=8*(y=2) ;
(若 x 的初值是 32, 执行 x/=8*(y=2)后, x 的值是 2, 所以赋值表达式的值是 2)
y1=y2=y3=8;
```

(执行 y1=y2=y3=8 后, y1、y2、y3 的值都是 8, 所以赋值表达式的值是 8)

赋值表达式的后面加上分号(；)，就成为赋值语句。

赋值表达式也可以在赋值语句之外的其他语句中出现。例如：

```
if ((ch=getchar())!= '\n')   printf("%c",ch);
```

上面语句中出现了赋值表达式“ch=getchar()”(函数 getchar()会在第 3 章中详细介绍)，ch 的值就是赋值表达式 ch=getchar()的值，若该值不等于‘\n’，则输出 ch 的值。

2.7.3 赋值表达式的类型转换

当赋值运算符左边的变量数据类型与右边的表达式的数据类型不相同时，需要进行数据类型转换，系统会把右边的数据转换成左边数据类型的数据。

转换后可能会发生数据丢失现象。例如，左边为 int 型，右边为 long 型，由于 long 型在内存中所占二进制位数(32 位)大于 int 型在内存中所占二进制位数(16 位)，造成 long 型的高 16 位无法复制到 int 型变量中，因此可能丢失数据。同理，左边为 float 型，右边为 double 型，也可能丢失数据。

下面分几种情况讨论。

1. 整型和字符型之间的转换

(1) 字符型数据赋给整型变量

由于字符型数据在内存中占 8 位，而整型变量在内存中占 16 位，因此，将字符型数据的 8 位放到整型变量的低 8 位中。对整型变量高 8 位的处理：有的系统是对整型变量高 8 位补 0；有的系统是根据字符型数据的最高位的值来决定补 1 还是补 0。

例如，Turbo C 是根据字符型数据的最高位的值来决定补 1 还是补 0。若字符型数据的最高位是 0，则对整型变量高 8 位补 0；若字符型数据的最高位是 1，则对整型变量高 8 位补 1。

(2) 整型(int 或 short 或 long)数据赋给字符型变量

由于字符型数据在内存中占 8 位，所以只将整型数据的低 8 位送到字符型变量中。

例如，若将十进制 int 型数据 322 赋给字符型变量 ch，因为 322 的二进制形式是 0000000101000010，它的低 8 位是 01000010(十进制形式是 66)，所以字符型变量 ch 的值的二进制形式是 01000010(即 66)，若执行“printf(“%c”，ch);”语句则输出字符‘B’，因为‘B’的 ASCII 码是 66(十进制)。

例如，若将十进制 int 型数据 65 赋给字符型变量 ch，因为 65 的二进制形式是 0000000001000001，它的低 8 位是 01000001(十进制形式也是 65)，所以字符型变量 ch 的值的二进制形式是 01000001，若执行“printf(“%c”，ch);”语句，将输出字符‘A’。

2. 整型之间的转换

(1) int 型数据赋给 long 型变量

将 int 型数据的 16 位二进制代码送到 long 型变量的低 16 位中，如果 int 型数据值为正

(符号位是 0)，则 long 型变量的高 16 位补 0；如果 int 型数据值为负(符号位是 1)，则 long 型变量的高 16 位补 1。高 16 位补 0 或 1 称为符号扩展。

(2) long 型数据赋给 int 型变量

只将 long 型数据中的低 16 位送到 int 型变量中。

(3) unsigned int 型数据赋给 long int 型变量

此时不存在符号扩展问题，只需将 long int 型变量的高位补 0 即可。

(4) unsigned 型数据赋给占二进制位数相同的其他整型变量

将 unsigned 型数据的内容原样送到其他整型变量中，如果范围超过其他整型变量允许的范围，则会出错。例如，若 a 是 unsigned int 型变量，a=65535，而 b 是 int 型变量，若执行“b=a；”，由于 a 的二进制形式是 1111111111111111，所以 b 的二进制形式也是 1111111111111111，由于最高位(符号位)是 1，因此 b 成了负数，根据补码知识，可知 b 是-1，执行“printf(“%d”，b)；”将输出-1。

(5) 非 unsigned 型的整型数据赋给占二进制位数相同的 unsigned 型变量

此时也是原样照赋(最高的符号位也一起传送)。例如，若 a 是 unsigned int 型变量，b 是 int 型变量，b=-1。若执行“a=b；”，由于 b 的二进制形式是 1111111111111111，所以 a 的二进制形式也是 1111111111111111，执行“printf(“%d”，a)；”，将输出 65535。

3．实型与整型之间的转换

(1) 整型数据赋给实型变量

系统将整型数据转换成单(或双)精度实型数据，保持数值不变，赋值给实型变量。

(2) 实型数据赋给整型变量

单(或双)精度实型数据赋给整型变量时，舍弃实型数据的小数部分，将整数部分赋给整型变量。例如，若 n 是 int 型变量，执行“n=5.67；”的结果使 n 的值为 5，执行“printf(“%d”，n)；”将输出 5。

4．实型之间的转换

(1) float 型数据赋给 double 型变量

此时保持数值不变，存放到 double 型变量中，在内存中以 64 位二进制形式存储。

(2) double 型数据赋给 float 型变量

此时截取 double 型数据的前 7 位有效数字，存放到 float 型变量中，在内存中以 32 位二进制形式存储。此时可能会丢失数据，注意数值范围不要溢出。

2.8　其他运算符和表达式

2.8.1　自增、自减运算符

自增和自减运算符都是单目运算符，自增运算符(++)的作用是使变量的值增 1，自运算符(--)的作用是使变量的值减 1。

对于 int 型变量 i，++i 和 i++都等价于 i=i+1，--i 和 i--都等价于 i=i-1。

++i 和--i 是前缀表示法，i++和 i--是后缀表示法。前缀表示法是将 i 值先增/减 1，再在表达式中使用；后缀表示法是先在表达式中使用 i 的值，然后再将 i 值增/减 1。

例 2.7　自增、自减运算符的使用。

```
#include <stdio.h>
int main()
{ int i,j,k;
  i=6;
  j=++i;  /*表达式++i 的值是 7 */
  k=i++;  /*表达式 i++的值是 7 */
  printf("%d，%d，%d\n " ,j,k,i);
  i=-6;
  j=--i;  /*表达式--i 的值是-7 */
  k=i--;  /*表达式 i--的值是-7 */
  printf("%d, %d, %d\n " ,j,k,i);
  return 0;
}
```

输出结果如下：

```
7, 7, 8
-7, -7, -8
```

需要注意以下几点：

(1) 自增、自减运算符，不能用于常量和表达式。例如，++6、--(i+3*j)等都是非法的。

(2) 自增、自减运算符的优先级高于算术运算符，与单目运算符-(取负)和！(逻辑非)的优先级相同，结合方向自右至左。例如-a++等价于-(a++)。

(3) 像“printf("%d，%d \n"，i，i++)；”这样出现“i，i++”的语句，在不同的编译系统中结果是不同的。若 i 的值是 6，按从左至右求值，输出“6，6”；按从右至左求值，输出“7，6”。Turbo C 是按从右至左求值的。

(4) 自增或自减运算符最好单独使用，避免自增或自减运算与其他运算符混合使用。像 i+++++j 这样很难理解的表达式，应该避免使用。

2.8.2　逗号运算符和逗号表达式

C 语言还提供了逗号运算符，逗号将两个表达式连接起来，形成一个表达式，称为逗号表达式。它的一般形式如下：

表达式 1，表达式 2

逗号表达式的求值过程是：先求表达式 1 的值，再求表达式 2 的值，并将表达式 2 的值作为逗号表达式的值。

例如，逗号表达式“8-3，6+5”的值是 11，因为表达式 6+5 的值是 11。

再例如，逗号表达式“k=2*3，++k”的值是 7，因为第一个表达式 k=2*3 的值是 6，k 的值也是 6，所以第二个表达式++k 的值是 7。注意，赋值运算符的优先级高于逗号运算符，所以“k=2*3，++k”是逗号表达式，千万不要将其理解为“k=(2*3，++k)”。

逗号表达式“a=6，a+=9”的值是 15。因为第一个表达式 a=6 的值是 6，a 的值也是 6，所以第二个表达式 a+=9(等价于 a=a+9)的值是 15。

一个逗号表达式可以与另一个表达式组成新的逗号表达式，例如“(k=2*3，++k)，4*k”就是这样的逗号表达式。对于这样的逗号表达式，先计算逗号表达式“(k=2*3，++k)”的值，再计算表达式“4*k”，“4*k”的值也就是“(k=2*3，++k)，4*k”的值，而“4*k”的值是 28，所以这个逗号表达式的值是 28。

逗号表达式的一般形式可以扩展为如下形式：

表达式 1, 表达式 2, ……, 表达式 n

求这个逗号表达式的过程是：自左至右，依次计算每个表达式的值，最后计算出的表达式 n 的值即为整个逗号表达式的值。

例如，逗号表达式“3*5，6+4，10/2”的值为 5；逗号表达式“n=3，n++，n*5%9”的值为 2。

注意：并不是任何地方出现的逗号，都是逗号运算符。很多情况下，逗号仅用作分隔符。例如，函数的参数是用逗号分隔的。像输入函数“scanf(“%d，%d”，&x，&y)”中的逗号，以及输出函数“printf(“%d，%d”，x，y)；”中的逗号，都是用作分隔符。

例 2.8　逗号表达式的使用。

```
#include <stdio.h>
int main()
{ int m,n,i,j,k=5;
   i=(j=6,j++,k+j);
   printf("%d, %d \n", (n=3*4, m=n+5), i);
   printf("%d, %d, %d, %d \n ", n, m, j, (n, m,j));
   return 0;
}
```

输出结果如下：

```
17, 12
12, 17, 7, 7
```

程序中的(n=3*4，m=n+5)是一个逗号表达式，值为 17；(n，m，j)也是一个逗号表达式，值为 7(变量 j 的值)。

2.8.3　求字节数运算符

求字节数运算符 sizeof 是一个比较特殊的单目运算符，用它可以求各种数据类型所占的字节数。某一个数据类型在不同的计算机系统中可能占有不同长度的内存空间，使用求字节数运算符 sizeof，就可以了解在自己所使用的计算机系统中，各种数据类型所占用的内存空间大小。

例 2.9　显示各种数据类型所占内存空间的字节数。

```
#include <stdio.h>
    int main()
    { int a; float b; double c; char d;
      printf("%d, %d, %d, %d \n",sizeof(a),sizeof(b),sizeof(c),sizeof(d));
      printf("%d, %d, %d\n ", sizeof(int),sizeof(unsigned int),sizeof(long
      int));
      printf("%d, %d, %d\n ", sizeof(float),sizeof(double),sizeof(char));
      return 0;
    }
```

使用 Turbo C 运行此程序，输出结果如下：

```
2, 4, 8, 1
2, 2, 4
4, 8, 1
```

2.9　习　题

一、阅读程序，写出运行结果

```
1. # include <stdio.h>
main()
{ int a,b,d=241;   a=d/100%9;   b=a*d;   printf("%d, %d", a, b); }
```

```
2. #include <stdio.h>
int main()
{ int a; unsigned int b=65535;   a=b; printf("%d,%d", a, b); return 0;}
```

```
3. # include <stdio.h>
int main()
{short   i=-1;   printf("%d,%o,%x,%u\n",i,i,i,i); return 0;}
```

```
4. # include <stdio.h>
int main()
{ char c='A';   printf("%d,%o,%x,%c\n",c,c,c,c); return 0;}
```

```
5. # include <stdio.h>
int main()
{float f=3.1415927;   printf("%f,%e\n",f,f); return 0; }
```

```
6. # include <stdio.h>
int main()
  {int i,j,x,y;   i=5;   j=7;   x=++i;   y=j++;
printf("%d,%d,%d,%d",i,j,x,y); return 0;}
```

```
7. # include <stdio.h>
int main()
{long int a=123,b=456,c,d;   c=--b; d=(a--, a+c);
printf("%ld,%ld,%ld,%ld"a,b,c,d); return 0;}
```

二、编写程序

1. 利用变量 k，将两个变量 m 和 n 值的交换。
2. 输入一个整数 n，输出 n 除以 3 的余数。
3. 输入一个三位整数 n，把 n 倒着输出(例如输入 672，输出 276)。
4. 输入一个三位整数 n，求 n 的三位数码之和。

第3章 程序设计初步

本章将介绍进行简单C程序设计时要掌握的一些基本内容，包括常用的输入输出函数、顺序结构程序设计等内容。

3.1 C语句概述

3.1.1 C语句的种类

在前面的章节中已经说明，一个C程序包括数据描述和数据操作两部分，其中数据描述部分在程序中由数据定义来实现，数据操作部分由语句来实现。在C程序中，共有如下5种C语句组成。

1. 表达式语句

由一个表达式的后面加上一个分号构成的语句。如赋值表达式构成的语句“z=x+y;”，由赋值表达式和分号“；”构成。其中分号不能省，如：

```
i=i+1     (是表达式)
i=i+1;    (是语句)
```

同样“x+y;” 也是一个语句，作用是完成x+y的操作，是合法的。

2. 函数调用语句

由函数名、实际参数加上“;”组成。其一般形式为：“函数名(实际参数表)；”。执行函数语句就是调用函数体并把实际参数赋给函数定义中的形式参数，然后执行被调函数体中的语句，求取函数值。例如，函数调用语句“printf(“This is a C Program”);”，调用库函数printf，输出一串字符。

3. 控制语句

控制语句用于控制程序的流程，以实现程序的各种结构方式。它们由特定的语句定义符组成。C语言有9种控制语句，可分成以下3类。

(1) 条件判断语句

　　if语句、switch语句

(2) 循环执行语句

　　do while语句、while语句、for语句

(3) 转向语句

break 语句、continue 语句、goto 语句、return 语句

4. 复合语句

把多个语句用大括号{}括起来组成的语句称为复合语句。在程序中应把复合语句看成是一条语句（一个整体），而不是多条语句，例如.

```
{z=x+y;  c=a+b;  printf("%d%d", z, c); }
```

是一条复合语句。复合语句内的各条语句都必须以“;”结尾，在括号“}”外不能加分号。

5. 空语句

只有“;”组成的语句称为空语句。空语句是什么也不执行的语句。在程序中，空语句可用来作空循环体。例如，语句“while(getchar()!='\n') ; ”的功能是，只要从键盘输入的字符不是回车就重新输入。这里的循环体就是空语句。

3.1.2 C 程序的赋值语句

赋值语句是由赋值表达式再加上分号构成的表达式语句。 其一般形式如下：

```
变量=表达式;
```

赋值语句的功能和特点都与赋值表达式相同，它是程序中使用最多的语句之一。 在赋值语句的使用中需要注意以下几点。

(1) 由于在赋值符“=”右边的表达式可以是另一个赋值表达式，因此，下述形式：

```
变量=(变量=表达式);
```

是成立的，从而形成嵌套的形式。其展开之后的一般形式为：

```
变量=变量=……=表达式;
```

```
例如：      a=b=c=5;
它等效于：      c=5;
                b=c;
                a=b;
```

(2) 注意在变量声明中给变量赋初值和赋值语句的区别。给变量赋初值是变量声明的一部分，赋初值后的变量与其后的其他同类型变量之间仍必须用逗号分隔，而赋值语句则必须用分号结尾。

(3) 在变量声明中，不允许连续给多个变量赋初值。如下述语句是错误的：

```
int a=b=c=5;
```

必须写成如下形式：

```
int a=5,b=5,c=5;
```

(4) 注意赋值表达式和赋值语句的区别，赋值表达式是一种表达式，它可以出现在任何允许表达式出现的地方，而赋值语句则不能。

语句“if((x=y+5)>0) z=x;”是合法的，其功能是，若表达式“x=y+5”大于 0，则执行语句“z=x;”。而“if((x=y+5;)>0) z=x;”是非法的，因为“x=y+5;”是语句，不能出现在表达式中。

3.2　顺序结构程序设计

通常，结构化程序设计包括下列 3 种基本结构，即顺序结构、选择结构和循环结构。它们的结构流程图如图 3.1 所示。

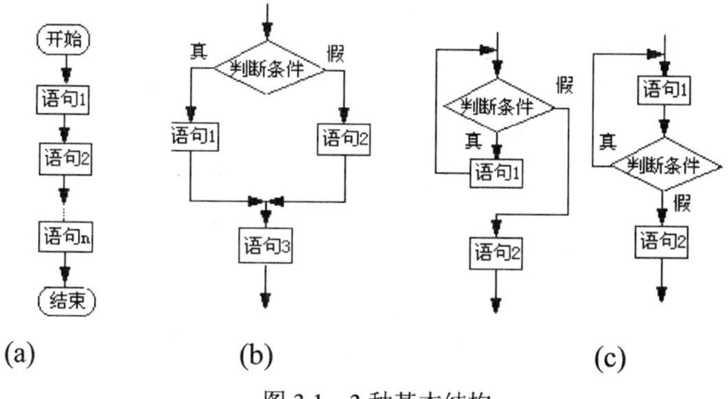

图 3.1　3 种基本结构

从图 3.1 可以看出 3 种结构分别实现了不同的程序控制结构。其中图 3.1(a)的顺序结构采用由上至下逐条语句执行的方式；图 3.1(b)的选择结构根据判断条件的真和假，分别执行不同的语句；图 3.1(c)是两种循环结构，第一种为当判断条件为真时，反复执行循环体，否则跳出循环体；第二种为反复执行循环体，直到判断条件为假时，跳出循环体。

本章将介绍顺序结构程序设计，其他结构将在后面的章节介绍。顺序结构是最简单、最常见的一种程序结构。在顺序结构中，程序执行顺序是按语句出现的先后顺序进行的。

顺序结构程序一般由 3 部分组成：数据的输入、数据的处理和数据的输出。数据的输入是把已知的数据输入到计算机中(给变量赋值)；数据的处理是对输入的数据，依照某种算法进行相应的运算，得出问题的答案；数据的输出是指把得出的答案以某种方式表示出来。

例 3.1　已知长方形的长和宽，计算其周长和面积。流程图如图 3.2 所示，程序如下。

```
#include <stdio.h>
int main()
{ float x, y,c,area;
   printf("输入长和宽：");
   scanf("%f, %f", &x,&y);
   c=2*(x+y);
   area=x*y;
   printf("周长是: %f\n", c);
   printf("面积是: %f\n", area);
```

```
    return 0;
}
```

运行情况如下：

```
输入长和宽：3.0,4.0↙
周长是：14.000000
面积是：12.000000
```

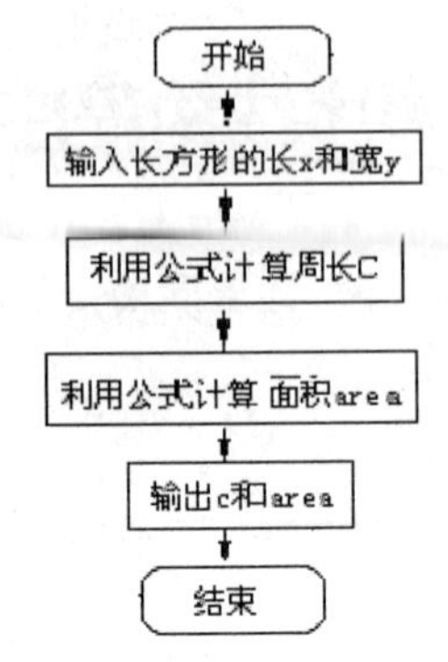

图 3.2　计算周长和面积的流程图

从流程图和程序可以看出，程序是按顺序执行的。

3.3　数据的输入与输出

在 C 语言中，所有的数据输入/输出都是由库函数完成的，即数据输入/输出是通过调用函数来完成的。本节主要介绍常用的格式输出函数 printf()、格式输入函数 scanf()及字符输入函数 getchar()、getch()和字符输出函数 putchar()。

3.3.1　printf 函数

printf()函数称为格式输出函数，其功能是按用户指定的格式，把指定的数据输出到显示器屏幕上，在前面的例题中我们已经多次使用过这个函数。

1. printf( )函数的一般形式

printf 函数的调用格式如下：

```
printf("格式控制串"，输出列表);
```

其中，“格式控制串”用于指定输出格式。它必须用双引号括起来，由格式说明符、普通字符和转义字符组成。

格式说明符由“%”和格式字符组成，用于说明输出数据的类型、形式、长度、小数位数等。例如，“%d”表示按十进制整型输出，“%ld”表示按十进制长整型输出，“%c”表示按字符型输出等。

普通字符和转义字符是指在输出数据时按原样输出的字符，在显示中起提示作用。

“输出列表”中列出了所要输出的数据项，可以是单变量、字符串、表达式等。其个数必须与格式字符串所说明的输出参数个数一样多，各参数之间用“,”分开，且顺序要一一对应。

例 3.2　写出下面程序的输出结果。

程序代码如下：

```
#include <stdio.h>
int main()
{ int a=65,b=97;
   printf("%d   %d\n",a,b);
   printf("%d,%d\n",a,b);
   printf("%c,%c\n",a,b);
   printf("a=%d,b=%d",a,b);
   return 0;
}
```

程序的输出结果如下：

```
65   97
65,97
A,a
a=65,b=97
```

程序中 4 次输出了 a、b 的值，但由于“格式控制串”不同，输出的结果也不相同。第一次的输出语句“格式控制串”中，两格式串“%d”之间加了一个空格(普通字符)，所以输出的 a、b 值之间有一个空格；第二次的输出语句“格式控制串”中加入的是普通字符逗号，因此输出的 a、b 值之间加了一个逗号；第三次的格式串要求按字符型输出 a、b 值；第四次中为了提示输出结果又增加了普通字符串。

2. printf()函数的格式字符

在 printf()命令里，不同类型的数据内容，其输出也不相同。表 3.1 列出了 printf()函数常用的格式字符。可以把这些格式字符分为如下几种。

(1) 整型数据输出的格式字符

整型的输出形式有 4 种：带符号的十进制整型形式、无符号的十进制整型形式、无符号的十六进制形式和无符号的八进制形式。分别使用格式字符 d、u、x(或 X)、o。其中 x 表示以小写形式输出十六进的 a~f，X 表示以大写形式输出十六进的 A~F。

(2) 字符型数据输出的格式字符

在输出字符型数据时，若要输出一个字符，则使用格式字符 c；若要输出一串字符，则使用格式字符 s。

(3) 实型数据输出的格式字符

实型数据输出的格式字符有 f、e 或 E、g 或 G 几种方式。其中格式字符 f 表示以小数形式输出实数；格式字符 e 或 E 表示以指数形式输出实数；格式字符 g 或 G 表示输出时自动选择使用格式字符 f 或 e。

表 3.1　printf()函数常用的输出格式字符

格式字符	输出形式说明	格式字符	输出形式说明
c	字符	s	字符串
d	带符号十进制整数	u	无符号十进制整数
e	浮点数，指数 e 的形式	g	输出%f 与%e 较短者
E	浮点数，指数 E 的形式	G	输出%f 与%E 较短者
f	浮点数，小数点形式	x	无符号十六进制整数，小写输出 a~f 表示
o	无符号八进制整数	X	无符号十六进制整数，大写输出 A~F

例 3.3　写出下面程序的输出结果。

```
#include <stdio.h>
int main()
{int a,b;   char c;
  float s1,s2,sum;
  a=65;   b=-3;
  s1=123.4;   s2=56.75;
  sum=s1+s2;
  c='A';
  printf("%d %c%d %o %f %c %d",a,a,b,b,sum,c,c);
  return 0;
}
```

程序运行结果如下：

```
65 A –3 177775 180.149994 A 65
```

从程序运行的结果可以看出，整型变量可以用字符形式输出，而字符型变量也可以用整型形式输出。负数在计算机中以补码的形式存放。变量 b 的值为-3，-3 的补码为：11111111 11111101，对应的八进制数为 177775。“%f”为浮点数格式输出，其中整数部分全部输出，小数部分按系统默认宽度(6 位小数)输出。需要注意的是，并非全部数字都是有效数字：float 型实数的有效数字是前 7 位，double 型实数的有效数字是前 16 位。

3. 转义字符

在 printf()函数中，也可以使用转义字符，在第二章中已经介绍，转义字符是一个以“\”开头的字符序列。表 2.2 已列出常用的转义字符。

例 3.4　写出如下程序的执行结果。

```
#include <stdio.h>
int main( )
{
  printf("\"what do you like?\ "");
  return 0;
}
```

程序输出结果如下：

```
"What do you like? "
```

从程序的运行结果可以看到，由于双引号在函数中有其特定用途，想要输出双引号就必须在格式字符串中加上转义字符“\”，如果不使用转义字符，当编译程序读到成对的双引号后，就会误认为格式字符串已经结束，当编译程序再次读到双引号时，就会发生语法错误。

4. 修饰字符

在 printf( )函数中，所有的输出格式都是以“%”开始，再接一组有意义的字母。若想使数据按固定的字段长度输出，可以在“%”后面加上输出长度的数字。如“%3d”，表示输出十进制整数时，长度共占 3 列；“%6.3f”则表示输出浮点数时，长度包括小数点共有 6 位，小数点前占 2 位，小数点后占 3 位。

要特别注意的是，如果整数部分超过可以显示的长度，则以实际数据来显示。此外，在小数点部分，当指定显示的位数比实际位数少的时候，会将小数部分四舍五入至指定显示的位数。

通过下面的例子，可以看到输出格式中加上修饰符后所输出的结果。

例 3.5 写出下面程序的输出结果。

```
#include <stdio.h>
int main( )
{int i = 56, j=13;
    float f=12.3456;
    printf("i=%-4d", i);
    printf("j=%4d\n",j);
    printf("f=%6.2f\n",f);
    return 0;
}
```

输出结果如下：

```
i=56   j=   13
f= 12.35
```

程序中共三次调用了 printf()函数，分别输出 i、j、f 的值。其中第一个 printf 中的“-4d”输出的数据为左对齐。在 C 程序中，用 printf 输出数据时，当数据内容实际长度小于设置的输出长度时，所有的数据会向右对齐，如果想让数据向左对齐，在“%”后面的数字前加上负号即可。因此，printf()函数在输出变量 i 的内容 56 后，会接着输出两个空格再继续执行其他的语句。

printf()函数中常用的修饰符如表 3.2 所示。

表 3.2　printf()函数的修饰符

修 饰 符	功　　能	举　例
-	向左对齐	%-3d

(续表)

修 饰 符	功　能	举　例
+	将数值的正负号显示出来	%+5d
空	数值为正值时，留一个空格；为负值时，显示负号	%6f
0	在固定字段长度的数值前空白处填上 0，与 - 同时使用，此功能无效	%07.2f
m(正整数)	数据输出的最小宽度，当数值的位数大于所给定的字段长度时，字段会自动加宽它的长度	%9d
.n(正整数)	数值以%e、%E 及%f 形式表示时，可以决定小数点后所要显示的位数	%4.3f
字母 l	用于长整型整数，可以加在格式字符 d,o,x,u 前面	%lu

例 3.6　写出下面程序的输出结果。

```
#include <stdio.h>
int main()
{int a=2,b=8;
  float x=123.4567, y=-567.123;
  char c='A';
  long d=1234567;
  unsigned long e=65535;
  printf("%3d%3d\n",a,b);
  printf("%-12f,%-12f\n",x,y);
  printf("%7.2f,%7.2f\n",x,y);
  printf("%e,%10.2e\n",x,y);
  printf("%c,%d,%o,%x\n",c,c,c,c);
  printf("%ld,%lo,%lx\n",d,d,d);
  printf("%u,%o,%x\n",e,e,e);
  printf("%s,%5.3s\n","computer", "computer");
  return 0;
}
```

程序的运行结果如下：

```
  2  8
123.456703   ,–567.122986        (计算机表示实数不精确,所以显示结果有误差)
123.46,-567.12                   (列宽为 7,小数点后取两位)
1.23457e+02,   -5.7e+02
A,65,101,41
1234567,4553207,12d687
65535,177777,ffff
computer,   com
(按%5.3s 格式输出"computer"，是取"computer"前 3 个字符，列宽为 5)
```

3.3.2　scanf 函数

格式输入函数 scanf( )的作用是在终端设备上，以指定的格式输入一个或多个任意类型的数据。

1．scanf()函数的一般格式

scanf()函数的调用格式如下：

```
scanf（"格式控制串", &变量 1, &变量 2, …）；
```

“格式控制串”用于指定输入格式，它必须用双引号括起来，由格式说明符、普通字符组成。

格式说明符由%和格式字符组成，用于说明输入数据的格式。如，“%d”表示按十进制整型输入，“%c”表示按字符型输入。

普通字符是指在输入数据时按原样输入的字符。

而“&变量 1”、“&变量 2”等则是当用户通过键盘输入数据并按下回车键后，数据内容就会传送到相应变量的内存单元中。使用 scanf()函数需要注意的是，在变量名前面必须加上地址运算符“&”。

例 3.7　由键盘输入两个整数并求其平均值及总和。

```
# include <stdio.h>
int main ()
{ int    a,b;
   scanf("%d    %d", &a,&b);                         /*由键盘输入两个数并赋给变量 a、b*/
   printf("a+b=%d\n",a+b);                           /*计算总和并输出内容*/
   printf("(a+b)/2=%f \n", (float) (a+b)/2.0);       /*输出平均值*/
   return 0;
}
```

输入：

```
32   11 ↙
```

输出为：

```
a+b=43
(a+b)/2=21.5
```

2．scanf()函数的输入格式

scanf()函数所使用的输入格式和 printf()函数类似，表 3.3 中列出了 scanf()函数常用的输入格式字符、表 3.4 列出了 scanf 函数常用的修饰符，使用时可以适当地选择。

表 3.3　scanf()函数常用的输入格式字符

格 式 字 符	输 入 说 明	格 式 字 符	输 入 说 明
c	字符	o	八进制整数
d	十进制整数	s	字符串
e, f, g	浮点数	u	无符号十进制整数
E, G	浮点数	x, X	十六进制整数

表 3.4　scanf()函数的修饰符说明

修 饰 符	说　明	修 饰 符	说　明
l (字母)	输入长整型数据	域宽 m	指定输入数据所占列数
h	输入短整型数据	*	表示输入项在读入后不赋给相应的变量

3. 使用 scanf()函数必须注意的问题

(1) 在 scanf()函数“格式控制串”部分中的每个格式说明符，都必须有一个变量与之对应。而且，格式说明符必须要与相应变量的类型一致。

(2) scanf()中要求给出变量地址，如只给出变量名则会出错。如语句“scanf(“%d”,a);”是非法的，而“scanf(“%d”,&a);”才是合法的。

(3) 当两个格式说明符之间没有任何字符时，在输入数据时，两个数据之间使用“空格”、“tab”键或“回车”键作为分隔；如果格式说明符之间包含其他字符，则输入数据时，应输入与这些字符相同的字符作为分隔。如：

```
scanf ("%d,%f",&a,&b);
```

在输入数据时，应采用如下形式：

```
5，2.5↙
```

而在输入字符型数据时，由于“空格”也会作为有效字符输入，因此，不需要用“空格”作间隔。例如：

```
scanf("%c%c%c",&a,&b,&c);
```

若输入为“d ef”，则把'd'赋予 a，空格赋予 b，'e'赋予 c。只有当输入为“def”时，才会把'd'赋于 a，'e'赋予 b，'f'赋予 c。

(4) 可以在格式说明符的前面指定输入数据所占的列数，系统将自动按此列数截取所需的数据，例如：

```
scanf ("%2d%3d", &x, &y);
```

当用户输入 12345 时，系统将自动地把 12 赋给变量 x，将 345 赋给变量 y。这种方式也可用于字符型数据的输入。

3.3.3　getchar、putchar 及 getch 函数

除了可以使用 scanf()函数和 printf()函数进行输入输出以外，还可以使用另外一些输入与输出字符的函数进行字符的输入输出。如 getchar()、putchar()、getch()函数。

1. getchar()和 putchar()函数

利用 getchar()函数可以从键盘上输入一个字符，所输入的字符会立即显示出来，并且

当按下回车键后，这个字符才会被变量接收。如果同时输入多个字符，getchar()函数会把第一个读取的字符放到指定的变量中；如果程序中使用了其他的 getchar()函数，这些剩余的字符则会被其他的 getchar()函数陆续传送到其指定的变量中。

getchar()函数的使用格式如下：

```
ch=getchar( );
```

若要将字符变量的内容输出到屏幕上，可以使用前面介绍的 printf()函数，也可以利用 putchar()函数来实现。putchar()函数会把字符变量、常量等当成参数传递到函数后再输出。putchar()函数的使用格式如下：

```
putchar(ch);
```

例 3.8 说明 getchar()函数和 putchar()函数的使用方法。

```
#include <stdio.h>
int main( )
{
   char ch;
   printf("Input a character: ");
   ch=getchar( );                          /*输入一个字符，并赋给变量 ch*/
   printf("\nThe character you input is: ");
   putchar(ch);
       return 0;
 }
```

运行程序，首先出现“Input a character：”，从键盘输入字符 a 后按回车键，屏幕显示：

```
Input a character: :a↙
The character you input is: a
```

2．getch()函数

利用 getch()函数，可以从键盘上输入一个字符，而不需要按下回车键，变量会马上接收这个字符，屏幕上也看不到这个被输入的字符。getch()函数经常用于不希望用户看到所输入的内容的时候，如输入密码等。getch()函数的使用格式如下：

```
ch=getch();
```

例 3.9 说明 getch()函数的使用方法。

```
#include <stdio.h>
int main( )
{ char ch;
   printf("Input a character: ");
   ch=getch();                    /*输入一个字符，并赋给变量 ch*/
   printf("\nThe character you input is: ");
   putchar(ch);
   return 0;
}
```

运行程序，首先出现“Input a character：”，从键盘输入字符 k，屏幕显示：

```
Input a character:
The character you input is: k
```

利用 getch()函数输入字符时，不用按下回车键，变量就会接收输入的字符。所以在上面运行程序时，从键盘输入字符 k 后，并没有按回车键，程序就会往下执行。

这个函数经常用在程序运行时需要按下任意键继续的情况，因为它不会主动地显示在屏幕上，是个很方便的选择。

3.4　程序设计举例

例 3.10 输入用分钟表示的时间数，将其换算成用小时和分表示的时间数，然后输出。例如，输入 150 分，换算成 2 小时 30 分后输出。程序代码如下：

```
#include <stdio.h>
int main()
{int k,m,n;
 printf("输入用分表示的时间数:");
   scanf("%d", &k);
   m=k/60;
   n=k%60;
   printf("\n%d 分等于%d 小时%d 分。\n", k, m, n);
   return 0;
  }
```

程序运行 2 次情况如下：

```
输入用分表示的时间数: 150
150 分等于 2 小时 30 分。
输入用分表示的时间数: 240
240 分等于 4 小时 0 分。
```

例 3.11 从键盘输入一个小写英文字母，分别以十进制、八进制、十六进制形式输出它的 ASCII 码值，然后分别计算以该 ASCII 码值为边长和半径的正方形面积和圆面积。

程序代码如下：

```
#include <stdio.h>
int main()
{char ch; float s1,s2;
  printf("Input a character:");    ch=getchar();
  printf("\n%c,%d,%o,%x\n",ch,ch,ch,ch);
  s1=ch*ch;    s2=3.14*ch*ch;
  printf("%f,%f\n",s1,s2);
  return 0;
}
```

运行情况如下：

```
Input a character:d↙        (d 的十进制 ASCII 码值为 100)
d,100,144,64
10000.000000,31400.000000
```

3.5 习　题

一、阅读程序，写出运行结果

```
1. # include <stdio.h>
int main()
  {char x='a',y='b';
   printf("%d\\%c\n",x,y);
   printf("x=\'%3x\',\'%-3x'\n",x,x);
   return 0;
  }
```

```
2. # include <stdio.h>
int main()
{int k=65;
       printf("k=%d,k=%0x,k=%c\n",k,k,k);
return 0;
}
```

```
3. # include <stdio.h>
int main()
  {int integer1,integer2; float sum1,sum2,sum;
   char c='A'; integer1=65; integer2=-3;
   sum1=234.5; sum2=18.75;   sum=sum1+sum2;
   printf("%d %c %d %o %f \n",integer1,integer1,integer2,integer2,sum);
   printf("%c    %d    %s" , c, c, "good!");
   getch();
   return 0;
  }
```

```
4. # include <stdio.h>
  int main()
     { int a=5,b=7;   float x=67.8564,y=-789.124;
       char c='A';   long n=1234567;
       unsinged long u=65535;
       printf("%d%d\n",a,b);
       printf("%3d%3d\n",a,b);
       printf("%f,%f\n",x,y);
       printf("%-10f,%-10f\n",x,y);
       printf("%8.2f,%8.2f,%.4f,%.4f,%3f,%3f\n",x,y,x,y,x,y);
       printf("%e,%10.2e\n",x,y);
       printf("%c,%d,%o,%x\n",c,c,c,c);
       printf("%ld,%lo,%lx\n",n,n,n);
       printf("%u,%o,%x,%d\n",u,u,u,u);
       printf("%s,%5.3s\n","COMPUTER","COMPUTER”);
 return 0;
}
```

```
5. # include <stdio.h>
int main()
   {
      char c1='a',c2='b',c3='c',c4='\101',c5='\116';
      printf("a%c b%c\t%c\t abc\n",c1,c2,c3);
      printf("\t\b%c %c\n",c4,c5);
   }
```

二、编写程序

1. 用 scanf 函数输入圆柱的半径和圆柱高，计算圆周长、圆面积、圆柱表面积、圆柱体积，并输出计算结果，输出时要有文字说明，取小数点后两位数字。

2. 输入一个华氏温度值 f，要求按照公式 c=（5/9）*（f-32）计算并输出摄氏温度值 c。输出要有文字说明，取两位小数。

3. 用 getchar 函数读入两个小写英文字母分别给变量 c1 和 c2，然后分别用 putchar 函数和 printf 函数输出这两个小写英文字母以及对应的大写英文字母。

4. 输入整型变量 m、n 的值，计算 m 除以 n 的商和余数，然后输出商和余数。

5. 从键盘上输入长方体的长、宽、高，输出长方体的体积与表面积的比值。

6. 试用计算机绘制一个由星号“*”组成的如下图案。

```
   *
  ***
 *****
*******
```

第4章　选择结构程序的设计

选择结构是程序的 3 种基本结构之一，在大多数程序中都会包含选择结构。它的作用是根据给定的条件，从给定的几组操作中选择其中的一组操作。本章将介绍如何用 C 语言实现程序的选择结构。

4.1　关系运算符和关系表达式

“关系运算”是对两个给定的值进行比较，判断比较的结果是否符合给定的条件。例如， x>y+3 是一个关系表达式，如果 x 和 y 的取值能够使这个关系表达式成立，则关系表达式的值为“真”(即“条件满足”)；如果 x 和 y 的取值不能使这个关系表达式成立，则关系表达式的值为“假”(即“条件不满足”)。

4.1.1　关系运算符及其优先次序

C 语言提供了如表 4.1 所示的关系运算符。

表 4.1　关系运算符

<	<=	>	>=	= =	!=
小于	小于或等于	大于	大于或等于	相等	不相等

前 4 种关系运算符(<、<=、>、>=)的优先级别相同，后两种关系运算符(= =、!=)的优先级别相同。前 4 种关系运算符的优先级高于后 2 种关系运算符。

4.1.2　关系表达式

像 x>y+3、(b*b-4*a*c)>=0、‘a’<‘b’ 、(x=5)>6、(x==7)>(y<=8)这样用关系运算符将两个表达式连接起来的式子，称为关系表达式。关系运算符的两端可以是算术表达式、赋值表达式、字符表达式、关系表达式等。关系表达式的值是一个逻辑值，或为“真”或为“假”。例如，关系表达式“3>6”的值为“假”，“3>=0”的值为“真”。

在 C 语言中，用 1 表示“真”，0 表示“假”。例如，当 x=23，y=12 时，关系表达式“x>y+3”成立，值为“真”，所以这时关系表达式“x>y+3”的值为 1；当 x=13，y=30 时，关系表达式“x>y+3”不成立，值为“假”，所以这时关系表达式“x>y+3”的值为 0。

可以把关系表达式的值赋给其他变量，例如：

```
z= (x>y+3)        当 x=23，y=12 时，z 的值为 1。
a=(b!=c)          当 b=2、c=2 时，a 的值为 0。
```

关系运算符是自左至右的结合方向，若 a=3、b=2、c=1，y=(a>b>c)，则 y 的值为 0。因为按照自左至右的结合方向，先执行关系运算“a>b”的值为 1(“真”)，再执行关系运算“1>c”的值为 0(“假”)，因此 y 为 0。

关系运算符的优先级低于算术运算符，高于赋值运算符。根据优先级的规定，下面左边的关系表达式可以简化为右边的形式：

```
(b*b-4*a*c)>=0        b*b-4*a*c>=0
z= (x>y+3)            z= x>y+3
(a>b)== c             a>b==c
a=(b!=c)              a=b!=c
```

4.2　逻辑运算符和逻辑表达式

4.2.1　逻辑运算符及其优先次序

C 语言提供了 3 种逻辑运算符，如表 4.2 所示。

表 4.2　逻辑运算符

!	&&	||
逻辑非	逻辑与	逻辑或

“&&”和“||”是“双目运算符”，要求有两个运算对象，如(x>0)&&(y >0)，(x>=0)||(y<=0)；而“!”是“单目运算符”，只要求有一个运算对象，如!(x>0)。

设 a 和 b 为两个运算对象，则逻辑运算规则如下：

a&&b ：若 a 和 b 都为真，则 a&&b 为真；若 a、b 至少有一个为假，则 a&&b 为假。

a | | b ：若 a 和 b 都为假，则 a | | b 为假；若 a、b 至少有一个为真，则 a | | b 为真。

!a ： 若 a 为真，则!a 为假；若 a 为假，则!a 为真。

逻辑运算的优先次序为：！(逻辑非)高于&&(逻辑与)，&&(逻辑与)高于||(逻辑或)。

逻辑运算符中的“&&”和“||”低于关系运算符，“!”高于算术运算符。

根据优先级的规定，下面左边的关系表达式可以简化为右边的形式：

```
(x>0)&&(y>0)              x>0 && y>0
(x= =3)| |(y!= 6)         x= =3 | | y!= 6
(x<=0) | | (y>0) && (!z)     x<=0 | | y>0 && !z
```

4.2.2　逻辑表达式

使用逻辑运算符连接若干个表达式构成的表达式称为逻辑表达式，逻辑表达式的值是“真”或“假”。即逻辑运算结果或者是“真”或者是“假”。C 语言编译系统以数值 1

代表“真”，数值 0 代表“假”。但在判断一个运算对象是否为“真”或“假”时，是看该运算对象是 0 还是非 0，以非 0 代表“真”，以 0 代表“假”。C 语言编译系统将任何一个非零的值都看成为“真”。

例如：若 x=3，则 x 为“真”， !x 为“假”。若 x=3，y=5，则 x && y 的值为 1，!x && y 为“假”，x || y 为“真”，!x || y 为“真”，!x || !y 为“假”。

在逻辑表达式中，作为参加逻辑运算的运算对象，可以是 0(“假”)或任何非 0 的数值(按“真”对待)。对于在一个表达式的不同位置上出现的数值，要注意区分哪些是作为数值运算的对象，哪些是作为关系运算的对象，哪些是作为逻辑运算的对象。例如：

```
!8 || 6<4 || 7>2&& 5+3
```

根据优先级的规定，先处理!8，值为 0(“假”)；再处理 5+3，值为 8，因为是非零，所以为“真”，即为 1；再处理 6<4，值为 0(“假”)；再处理 7>2，值为 1(“真”)。该逻辑表达式变为：0 || 0|| 1 && 1，根据优先级的规定，接着处理 1 && 1，值为 1(“真”)。该逻辑表达式变为：0 || 0| |1，运算结果为 1。

以上所举例子中，逻辑运算符两侧的运算对象都是 0 和 1 或者其他数值，其实逻辑运算符两侧的运算对象也可以是字符型、实型或指针型等。系统最终都是以 0 和非 0 来判定它们是“真”还是“假”。

注意：在逻辑表达式的求解中，并不是所有的逻辑运算符都被按顺序执行，若计算到某一步时，逻辑表达式的值是“真”是“假”已经明确，则不再执行后面的逻辑运算符。例如下面的几种情况。

(1) 对于逻辑表达式 a && b && c ， 只有 a 为真(非 0)时，才需要判别 b 的值，只有 a 和 b 都为真的情况下才需要判别 c 的值。只要 a 为假，就不再判断 b 和 c 的值(此时整个表达式已确定为假)。如果 a 为真，b 为假，就不再去判断 c 的值，如图 4.1(a)所示。

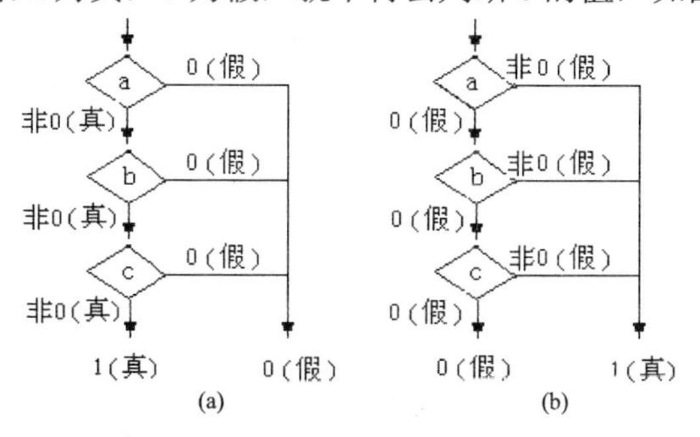

图 4.1　逻辑表达式的执行流程图

(2) 对于逻辑表达式 a || b || c，只要 a 为真(非 0)，就不再判断 b 和 c。只有 a 为假，才去判断 b；a 和 b 都为假时，才去判断 c，图 4.1(b)所示。

掌握关系运算符和逻辑运算符后，可以用一个逻辑表达式来表示一些复杂条件。例如，对于一个给定的两位整数 n，判断 n 是否能被 7 整除，并且 n 的平方是否大于 100，并且 n 的十位数码是否小于 6，并且 n 的个位数码是否等于 9，可以使用下面的逻辑表达式：

(n%7==0)&&(n* n>100)&&(n/10<6)&&(n%10==9)

4.3　if 语句

if语句用来判定所给定的条件是否满足，根据判定的结果(真或假)，决定执行哪条分支。

4.3.1　if语句的三种形式

1. 第一种if语句

格式如下：

if(表达式)语句

它的执行过程如图4.2所示，若表达式为“真”，则执行该语句，否则不执行该语句。

例4.1　从键盘输入一个整数x，如果x>0，则打印x的值。

分析：把输入的整数x与零比较，即把x>0作为条件，如果成立，就打印x的值。

```
# include <stdio.h>
int main()
{ int x;
    printf("Input x:");
    scanf("%d",&x);
    if (x>0) printf("x=%d\n", x);
    return 0;
}
```

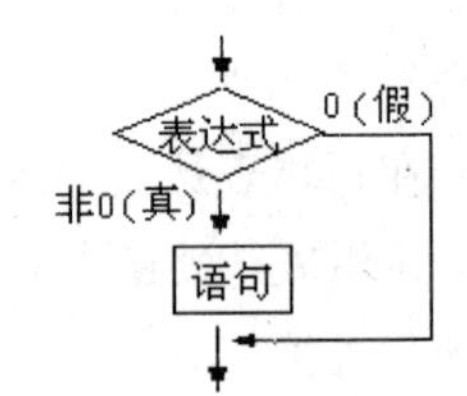

图4.2　第一种if语句的流程图

2. 第二种if语句

格式如下：

```
 if(表达式) 语句1
else    语句2
```

它的执行过程如图4.3所示，若表达式为“真”，则执行语句1，否则执行语句2，语句1和语句2只能有其中一个语句被执行到。

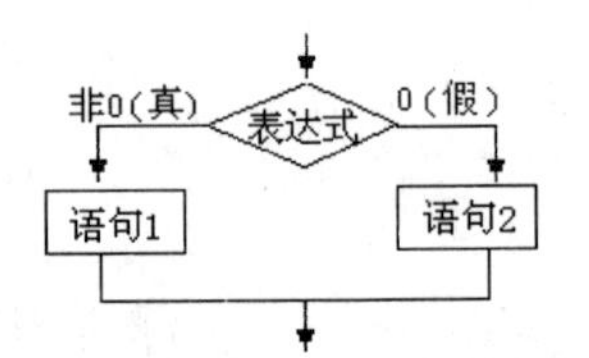

图4.3　第二种if语句的流程图

例4.2　从键盘输入一个整数，判断它是奇数还是偶数。

分析：要判断一个整数是奇数还是偶数，可以把该整数与2做%运算，若余数为零则是偶数，否则为奇数。

```
# include <stdio.h>
int main()
{ int a ;
   printf("输入一个整数:");
   scanf("%d",&a);
if (a%2= =0)
```

```
        printf("%d  是偶数\n", a);
    else
        printf("%d  是奇数\n",a);
  return 0;
}
```

3. 第三种 if 语句

格式如下：

```
if(表达式 1)      语句 1
else if(表达式 2)      语句 2
……
else if(表达式 n-1)    语句 n-1
else    语句 n
```

它的执行过程如图 4.4 所示，若表达式 1 为“真”，则执行语句 1，否则去判断表达式 2，若表达式 2 为“真”，则执行语句 2，否则去判断表达式 3，……，否则去判断表达式 n-1，若表达式 n-1 为“真”，则执行语句 n-1，否则执行语句 n。

若能执行语句 n，则上面的 n-1 个表达式都为“假”。这 n 个语句只能有其中一个被执行到。

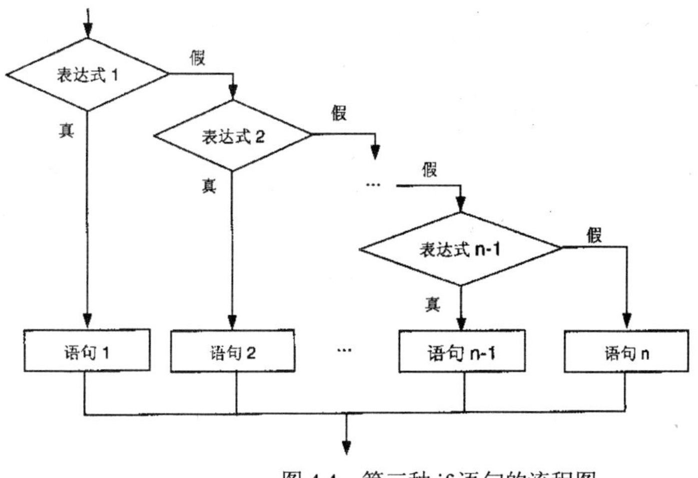

图 4.4　第三种 if 语句的流程图

例 4.3　输入 x，计算并输出下列分段函数 y 的值。

$$y=\begin{cases}x+1 & x<1\\ x+2 & 1\le x<2\\ x+3 & x\ge 2\end{cases}$$

分析：本题已知函数关系，要求计算分段函数的值。我们只要判断输入的 x 在哪个区间内就可以计算相应的函数值。

如果 x 在区间[1,2)内，可以写成 1<=x && x<2，但不能写成 1<=x<2。

```
# include <stdio.h>
int main()
{ float x,y;
```

```
  printf("Input x:");
  scanf("%f",&x);
  if(x<1) y=x+1;
  else if (1<=x && x<2) y=x+2;    /*或写成 else if (x<2) y=x+2;*/
  else   y=x+3;
  printf("x=%f, y=%f\n",x,y);
  return 0;
}
```

说明：

(1) if 语句中的“表达式”，一般为逻辑表达式或关系表达式。也可以是任意的数值类型(包括整型、实型、字符型等)。例如：

```
if(123)printf("%d"，456);
```

(2) 第二、第三种形式的 if 语句中，在每个 else 前面都有一分号，整个语句结束处有一分号。注意这里的分号不是表示语句结束，它们都属于同一个 if 语句。else 子句不能作为语句单独使用，它必须与 if 配对使用。

(3) if 和 else 后面也可以是一个复合语句。例如：

```
if(x>0 | | y>0)
        { z=x+y;   printf("z=%6.2f"，z); }
else
        { z=-x-y;   printf("z=%6.2f"，z) ; }
```

(4) 在第三种形式的 if 语句中，最后的 else 子句可以不存在。

例如例 4.3 可以改写成下面的形式：

```
# include <stdio.h>
int main()
{float x,y;
  printf("Input x:");
  scanf("%f",&x);
  if(x<1) y=x+1;
  else if (1<=x && x<2) y=x+2;    /*或写成 else if (x<2) y=x+2;*/
  else if (x>=2) y=x+3;
  printf("x=%f, y=%f\n",x,y);
  return 0;
}
```

4.3.2　条件运算符

条件运算符要求有 3 个操作对象，称为三目运算符，它是 C 语言中唯一的一个三目运算符。条件表达式的一般形式如下：

```
表达式 1？表达式 2：表达式 3
```

它的执行过程是：先求解表达式 1，若表达式 1 为“真”，则取表达式 2 的值为该条件表达式的值，否则取表达式 3 的值为该条件表达式的值。

在 if 语句中，如果当表达式为“真”和“假”时都只执行一个赋值语句给同一个变量赋值，可以用简单的条件运算符来处理。例如，下面的 if 语句：

```
if(x<=y)s=x*y;
else   s=x+y;
```

可以用下面的条件运算符来处理：

```
s=(x<=y)? (x*y) : (x+y) ;
```

其中“(x<=y)? (x*y) ： (x+y)”是一个“条件表达式”。

说明：

(1) 条件运算符优先于赋值运算符，因此上面在语句“s =(x<=y)? (x*y) ： (x+y)； ”中，是先求解条件表达式，再将它的值赋给变量 s。

(2) 条件运算符的优先级低于关系运算符和算术运算符。因此条件表达式：

```
s =(x<=y)? (x*y) : (x+y) ;
```

括号可以不要，写成下面的形式：

```
s = x<=y ? x*y : x+y ;
```

(3) 条件运算符的结合方向为“自右至左”。所以下面的条件表达式：

```
x>8? 0: y>3? 1: -1
```

相当于

```
x>8? 0: (y>3? 1: -1)
```

(4) 条件表达式中“表达式 2”和“表达式 3” 不仅可以是数值表达式，也可以是赋值表达式或函数表达式。例如：

```
x>y ? (z=x+y) : (z=x*y)
```

或

```
x>y ? putchar('A') : putchar('a')
```

即当 x>y 成立时，上面条件表达式的值是 putchar(‘A’)；否则上面条件表达式的值是 putchar(‘a’)。函数 putchar 的返回值是参数本身，即显示的字符。

例 4.4　输入一个 2 位整数，判断它的十位数码是否为 3，如果是 3，将它乘以 10；如果不是，将它乘以 6。然后输出乘以 10 或乘以 6 后的结果。

分析：本题已知一个 2 位整数，要判断它的十位数码是否为 3，必须先求出这个数码。一个两位整数除以 10，就可以得到它的十位数码。

```
# include <stdio.h>
int main()
```

```
{ int   m, k;
 scanf("%d",&m);
 k=(m/10==3)?(m=m*10) : (m=m*6);
 printf("%d\n",k);
 return 0;
}
```

4.4 switch 语句

switch 语句是多分支选择语句，可以解决多种选择问题。当然，多种选择问题也可以用第三种 if 语句或嵌套的 if 语句来处理，但如果 if 语句的分支较多，会使程序的可读性降低。

switch 语句的一般格式如下：

```
switch(表达式)
 {case 常量表达式 1: 语句 1; [break；]
    case 常量表达式 2: 语句 2; [break；]
    ……
    case 常量表达式 n: 语句 n; [break；]
    [default: 语句 n+1; ]
    }
```

它的执行过程是：首先计算表达式的值，当表达式的值与某一个 case 后面的常量表达式的值相等时，就执行此 case 后面的语句，若所有的 case 中的常量表达式的值没有与表达式的值相等的，则执行 default 后面的语句。

注意问题：

(1) switch 后的表达式的类型与常量表达式的类型必须一致。

(2) 每个 case 常量表达式的值必须互不相同，否则就会出现矛盾现象。

(3) 在“case 常量表达式 k：”后面可以包含一个以上的执行语句，这些语句可以不用大括号括起来，计算机会自动顺序执行这些语句。当然，加上大括号也可以。

(4) break 语句的作用是使流程跳出 switch 结构，即终止 switch 语句的执行。格式中的 break 语句一般情况下不要省略，因为若没有 break 语句，无法跳出 switch 结构，会继续执行下一条 case 后面的语句。最后一个分支(default)可以不加 break 语句。

(5) 各个 case 和 default 的出现次序不影响程序执行结果。

(6) 多个 case 可以共用一组执行语句，例如：

```
switch(a)
   {……
    case   4: printf("no"); break;
    case   5:
    case   6:
    case   7: printf("yes"); break;
    ……
   }
```

当 a 的值为 5、6 或 7 时，都执行同一组语句“printf(“yes”)；break；”。

例 4.5　分析下面的程序。

```
# include <stdio.h>
int main()
{char ch;
 printf("Input Y/N(y/n):");
 scanf("%c",&ch);
 switch(ch)
 {case   'y' :
  case   'Y' :   printf("this is 'Y' or 'y'\n"); break;
  case   'n' :
  case   'N' :   printf("this is 'N' or 'n'\n"); break;
  default : printf("this is other char.\n");
  }
 return 0;
}
```

程序输入一个字符，如果是'y'或'Y'，则输出：“this is 'Y' or 'y'”；如果是'n'或'N'，则输出：“this is 'N' or 'n'”；如果是其他字符，则输出：“this is other char.”。

4.5　if 语句和 switch 语句的嵌套形式

4.5.1　if 语句的嵌套

在 if 语句中又可以包含一个或多个 if 语句，称为 if 语句的嵌套。如下所示：

```
if()
    if() 语句 1
    else    语句 2
else
    if() 语句 3
    else    语句 4
```

需要注意 if 与 else 的配对关系。else 总是与它上面的最近的未配对的 if 配对。如果 if 与 else 的数目不一样，为实现程序设计者的意图，可以加上大括号来确定配对关系。例如：

```
if(表达式 1)
   { if(表达式 2)语句  1}
 else  语句  2
```

上面放在 { } 内的内容，作为当表达式 1 为“真”时要执行的语句，因此，else 与第一个 if 配对。

例 4.6　输入 x，计算并输出下列分段函数 y 的值。

$$y=\begin{cases}2x+3 & x>=10\\4x & 0<=x<10\\5x-6 & x<0\end{cases}$$

分析：本题与例 4.3 相似，也是已知函数关系，要求计算分段函数的值。关键在于条件的嵌套与语句的写法。

```
# include <stdio.h>
int main()
{ float x,y;
  printf("Input x:");
  scanf("%f",&x);
  if(x<10)
      if(x<0)   y=5*x-6;
      else   y=4*x;
  else   y=2*x+3;
  printf("x=%f, y=%f\n",x,y);
  return 0;
}
```

4.5.2　switch 语句的嵌套

switch 语句中可以包含另一个 switch 语句，如下面的例子。

例 4.7　分析下面程序。

```
# include <stdio.h>
int main()
{    float x,y;
     printf("Input x:");
  scanf("%f",&x);
switch(x>=0)
       {case   0 : y=5*x-6; break;
        case   1: switch (x>=10)
                      {case   0 : y=4*x; break;
                       case   1 : y=2*x+3; break;
                      }
       }
     printf("y=%f\n",y);
     return 0;
}
```

运行程序：

若输入-2，则(x>=0)为假，则输出-16，即按照 y=5*x-6 来计算并输出 y 值。

若输入 8，则(x>=0)为真，而(x>=10) 为假，则输出 32，即按照 y=4*x 来计算并输出 y 值。

若输入 12，则(x>=0)为真，而(x>=10) 也为真，则输出 27，即按照 y=2*x+3 来计算并输出 y 值。

所以例 4.7 的程序，功能与例 4.6 相同。

switch 语句中也可以包含 if 语句，if 语句中也可以包含 switch 语句，根据问题的需要构成各种各样的嵌套形式，此处就不再举例说明。

4.6　程序设计举例

例 4.8　输入三个数 a、b、c，要求按从小到大的顺序输出。

分析：我们可以把最小数放在 a 中，最大数放在 c 中，然后输出 a、b、c 即可。但要把最小数放在 a 中，a 就要与其他的数(b 和 c)都比较一遍，满足 a 比它们小。a 确定之后，只要在剩下的两个数中比较，就能完成将最大数放在 c 中。

```
# include <stdio.h>
int main()
{float a,b,c,t;
 scanf("%f%f%f",&a,&b,&c);
 if(a>b)
    {t=a;   a=b;   b=t;}            /*交换 a、b，使 a 中存储小的数*/
 if(a>c)
    {t=a;   a=c;   c=t;}            /*交换 a、c，使 a 中存储小的数*/
 if(b>c)
    {t=b;   b=c;   c=t;}            /*交换 b、c，使 c 中存储大的数*/
 printf("%f , %f , %f\n", a,b,c);
 return 0;
}
```

思考：若改为：将三个数按从大到小的顺序输出，程序应该如何修改？

例 4.9　输入一个百分制成绩，要求输出一个用英文字母表示的等级制成绩，大于或等于 90 分的为‘A’等，小于 90 分但大于或等于 80 分的为‘B’等，小于 80 分但大于或等于 70 分的为‘C’等，小于 70 分但大于或等于 60 分的为‘D’等，其余为‘E’等。

分析：本题也是一个分段函数，下面用 switch 语句实现。一个百分制成绩一般是实数，我们没办法一一列举出来，所以要转换为整型。根据题中已知，每隔 10 分划一个分数段，所以，可将给定的分数除以 10，变成从 0 到 10 之间的整数，就可以用 switch 语句处理了。

```
  # include <stdio.h>
  int main()
{ float score;   int   grade;
  scanf("%f", &score);
  grade =(int)(score/10);
switch(grade)
      { case 0 : case 1 :case 2 :case 3 :case 4:case 5: printf("E \n");break;
case 6 : printf("D\n");break;
case 7 : printf("C\n");break;
case 8 : printf("B\n");break;
case 9 : case 10 : printf("A\n");
      }
   return 0;
 }
```

语句“grade =(int)(score/10);”的作用是使输入的 0 到 100 范围内的实数转变成 0 到 10 之间的整数。

上面的 switch 语句，也可以用下面比较简洁的形式替换：

```
switch(grade)
    {case   10 :
      case   9 : printf("A\n"); break;
      case   8 : printf("B\n"); break;
      case   7 : printf("C\n"); break;
      case   6 : printf("D\n"); break;
      default : printf("E \n");
    }
```

思考：用 if 语句可否解决本问题？试用 if 语句编写程序。

例 4.10　求 $ax^2+bx+c=0$ 方程的解。

分析：对于方程 $ax^2+bx+c=0$(a 不等于 0)，应该有以下几种可能：

(1) $b^2-4ac=0$，有两个相等的实根。

(2) $b^2-4ac>0$，有两个不相等的实根。

(3) $b^2-4ac<0$，有两个共轭复根。

所以本题也是一个分段函数，但要注意实数与零的比较。程序代码如下：

```
#include <math.h>
#include <stdio.h>
int main()
{ float a,b,c,d,x1,x2,p,q;
  printf("输入方程系数  a,b,c:");
  scanf("%f%f%f",&a,&b,&c);
  d=b*b-4*a*c;
  if   (fabs(d)<=1e-6)                                     /*即 d==0*/
         printf("有两个相等的实根：%8.4f\n", -b/(2*a));
  else   if   (d>1e-6)                                     /*即 d>0*/
        { x1=(-b+sqrt(d))/(2*a);
          x2=(-b-sqrt(d))/(2*a);
          printf("有两个不相等的实根：%8.4f  和  %8.4f\n", x1, x2);
        }
  else
       { p=-b/(2*a);
         q=sqrt(-d)/(2*a);
         printf("有两个共轭复根\n");
         printf("%8.4f+%8.4fi\n",p,q);
         printf("%8.4f-%8.4fi\n",p,q);
       }
return 0;
}
```

程序中将 d==0(即 b*b-4*a*c==0)用 fabs(d)<=1e-6 代替，函数 fabs(d)表示求 d 的绝对值。这是由于 d 是实型的，在计算和存储时会有一些误差，如果直接使用“if(d==0)”进行判断，可能由于误差的存在，使本来应该条件为“真”的情况出现偏差。因此用“if(fabs(d)<=1e-6)”

代替“if(d==0)”，1e-6 是一个很小的正数，如果(fabs(d)<=1e-6)成立，就认为(d==0) 成立。

另外，程序中的 sqrt 是求平方根函数，使用时需要到数学函数库中调用，所以在程序的开头必须加上# include <math.h>，把 math.h 文件包含到程序中来。在写 C 程序时，凡是要用到数学函数库中的函数，都应该包含 math.h 文件。

思考：以后遇到关于实数的编程问题，应该注意什么？如何减小或避免实数的误差？

例 4.11　企业发放的奖金根据利润 i 提成。利润 i<10 万元时，奖金可提 10%；当 10 万元<i<=20 万元时，其中 10 万元按 10%提成，高于 10 万元的部分，可提成 7.5%；当 20 万元< i<=40 万元时，其中 20 万元仍按上述办法提成(下同)，高于 20 万元的部分按 5%提成；当 40 万元<i<=60 万元，高于 40 万元的部分按 3%提成；当 60 万元< i<=100 万元时，高于 60 万元的部分按 1.5%提成；当 i>100 万元时，高于 100 万元的部分按 1%提成。从键盘输入当月利润 i，求应发放奖金的总数。

分析：这是一个典型的分段函数，我们既可以用 if 语句实现(方法一)，也可以用 switch 语句实现(方法二)。

方法一：用 if 语句编程实现

```
# include <stdio.h>
int main()
{ long i;
  float bonus,bon1,bon2,bon4,bon6,bon10;
  bon1=10*0.1;
  bon2=bon1+10*0.075;
  bon4=bon2+20*0.05;
  bon6=bon4+20*0.03;
  bon10=bon6+40*0.015;
  printf("利润值:");
  scanf("%ld",&i);
  if (i<=10)
        bonus=i*0.1;
  else if (i<=20)
        bonus=bon1+(i-10)*0.075;
  else if (i<=40)
        bonus=bon2+(i-20)*0.05;
  else if (i<=60)
        bonus=bon4+(i-40)*0.03;
  else if (i<=100)
        bonus=bon6+(i-60)*0.015;
  else
        bonus=bon10+(i-100)*0.01;
  printf("奖金是%f\n",bonus);
  return 0;
}
```

方法二：用 switch 语句编程实现

```
# include <stdio.h>
int main()
{long i;   int c;
```

```
float bonus,bon1,bon2,bon4,bon6,bon10;
bon1=10*0.1;
bon2=bon1+10*0.075;
bon4=bon2+20*0.05;
bon6=bon4+20*0.03;
bon10=bon6+40*0.015;
printf("利润值:");   scanf("%ld",&i);
c=i/10;
if (c>10)   c=10;
switch(c)
{ case 0 : bonus=i*0.1;break;
  case 1 : bonus=bon1+(i-10)*0.075;break;
  case 2 :
  case 3 : bonus=bon2+(i-20)*0.05;break;
  case 4:
  case 5 : bonus=bon4+(i-40)*0.03;break;
  case 6 :
  case 7 :
  case 8 :
  case 9 : bonus=bon6+(i-60)*0.015;break;
  case 10 : bonus=bon10+(i-100)*0.01;
  }
printf("奖金是%f\n",bonus);
return 0;
}
```

思考：对比上面两种不同的编程方法，分析各自的优缺点。就此类问题而言，使用哪种编程方法较好？

4.7　习　题

一、阅读程序，写出运行结果

```
1. # include <stdio.h>
   int main()
      { int a, b, c;   a=5; b=3; c=9;
       if (a>b)
          if (a>c)   printf("%d\n",a);
          else   printf("%d\n",b);
       printf("end\n");
return 0;
}
```

```
2. # include <stdio.h>
   int main()
{int a,b,c,d,x;   a=c=0; b=1; d=20;
       if   (a) d=d-10;
       else   if   (!b)
          if   (!c)   x=15;
          else   x=25;
```

```
        else   printf("d=%d\n",d);
        return 0;
}
```

```
3. # include <stdio.h>
 int main()
{int a=2,b=7,c=5;
    switch (a>0)
  { case 1:   switch (b<0)
                 {case 1: printf("@");break;
                  case 2: printf("! ");break;
                 }
      case 0:   switch (c==5)
                 {case 0: printf("*");break;
                  case 1: printf("#");break;
                  default: printf("$");break;
                 }
      default: printf("&");
        }
     printf("\n");
     return 0;
    }
```

```
4. # include <stdio.h>
int main()
{int a,b,c;   a=b=c=0;
     if  (++a||b++&&c++)   printf("%d,%d,%d",a,b,c);
else   printf("OK");
return 0;
}
```

二、编写程序

1. 输入三个数，判断能否构成三角形。

2. 从键盘输入两个整数，分别赋给 a、b (a<b)，判断 a 是否是 b 的平方根。

3. 输入一个整数，判断它能否被 3 整除，输出判断结果。

4. 输入四个整数，要求按从小到大的顺序输出。

5. 输入一个三位整数，判断它的个位数码是否小于 7，并且十位数码能否能被 3 整除，并且百数码的平方是否大于 20，若以上条件满足则输出“YES”，否则输出“NO”。

6. 从键盘输入 x 的值，用 if 语句编写程序计算下列分段函数的值。

$$y=\begin{cases} x & (x<1) \\ 2x-1 & (1<=x<10) \\ 3x-11 & (x>=10) \end{cases}$$

7. 用 switch 语句编写解决下面问题的程序：从键盘输入字符 A 时，输出“考核成绩优秀”；输入字符 B 或 C 时，输出“考核成绩良好”；输入字符 D 或 E 时，输出“考核成绩及格”；输入其他英文字符时，输出“考核成绩不及格”；若输入非英文字符，则输出“输入错误”。

第5章　循环结构程序的设计

循环结构是结构化程序设计的基本结构之一，它和顺序结构、选择结构共同作为各种复杂程序的基本构造单元。在许多问题中都需要用到循环控制。例如，要输入全校学生的成绩；求若干个数之和；迭代求根等。

5.1　while 语句和 do-while 语句构成的循环

5.1.1　while 语句

while 语句用来实现“当型”循环结构。其一般形式如下：

```
while(表达式)循环体语句
```

while 语句的流程图如图 5.1 所示。其执行过程是：首先计算表达式的值，若表达式为非 0 值，则执行 while 语句中的循环体语句，然后再次计算表达式的值，如图 5.1 所示，此过程重复执行，一直到表达式的值为 0 时，结束循环。

例 5.1　用 while 语句求 1+3+5+…+99。

分析：编写循环结构的程序，关键在于寻找循环的规律。本题要从 1 一直加到 99，我们把加法作为主要循环操作，每次加一个奇数。奇数的规律是两个相邻数相差 2。

因此，我们设定一个变量 sum，初始值为零，每循环一次就把一个奇数(用 i 表示)加到 sum 中，这时 sum 也称为累加器。每次加法完成后，把 i 增加 2，为下次循环做准备。只要这个奇数不超过范围(i<=99)，就继续循环。具体程序如下：

```
# include <stdio.h>
int main()
{ int i=1, sum=0;
while(i<=99)
{sum+=i;
      i+=2;
    }
  printf("sum=%d\n",sum);
  return 0;
}
```

对于 while 语句，有以下几点需要注意：

(1) 循环体若包含一个以上的语句，应该用大括号括起来，以复合语句的形式出现。若不加大括号，则 while 循环体语句的范围只到 while 后面第一个分号处。

(2) 如果首次计算表达式的值即为 0，则循环体一次也不执行。例如：

```
scanf("%d", &n);
while(n)   {sum+=n; i++;}
printf("end\n");
```

如果从键盘为变量 n 输入 0，则不执行循环体语句，程序输出“end”。

(3) 在循环体中一定要有使循环趋向于结束的语句，否则循环永不结束，形成死循环。例如：

```
i=1,   sum=0;   while( i<=99)   sum+=i;
```

因为循环体中没有改变循环条件的语句，所以表达式 i<=99 永远为真，不能结束循环。

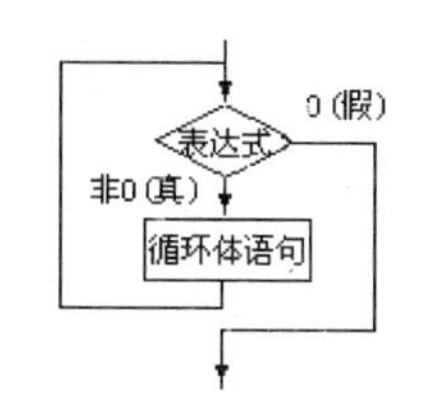

图 5.1　while 语句流程图

5.1.2　do-while 语句

do-while 语句的特点是先执行循环体，然后判断循环条件是否成立。其一般形式如下：

```
do
   循环体语句
while(表达式);
```

do-while 语句的流程图如图 5.2 所示。其执行过程是：先执行一次循环体语句，然后计算表达式，当表达式的值为非零(“真”)时，再将循环体语句执行一次，如图 5.2 所示，如此反复，直到表达式的值等于 0 时结束循环。

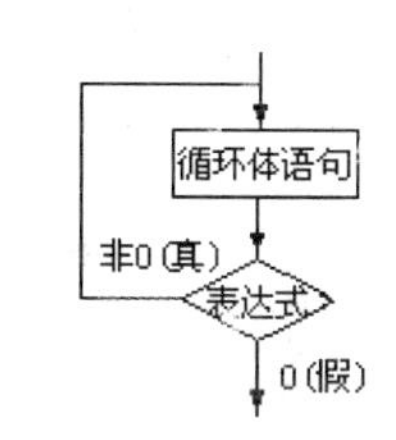

图 5.2　do-while 语句流程图

例 5.2 从键盘输入若干个数，求它们的和，当和大于 1000 时停止执行。

分析：本题要求输入的若干个数的和大于 100，与上题相仿可以用循环进行累加。但是求和的个数不知道，结束循环的条件是“和大于 1000”。所以，每次累加完成时要判断和是否超过 1000。用 do-while 语句编写程序如下：

```
# include <stdio.h>
int main()
{ int n,sum–0;
  do
  { scanf("%d",&n);
     sum+=n;
   }while(sum<=1000);
  printf("sum=%d\n",sum);
  return 0;
}
```

对于 do-while 语句，有以下几点需要注意：

(1) do-while 循环是先执行循环体，然后判断表达式。这样，循环体至少被执行一次。

而对于 while 循环，若首次计算表达式的值即为 0，则循环体一次也不执行。

(2) do-while 循环和 while 循环一样，在循环体中也一定要有使循环趋向于结束的语句，否则循环永不结束，形成死循环。

例 5.3 从键盘输入一个正整数，将其各位数码顺序颠倒输出。如输入 345，输出 543。

分析：为了实现逆序输出一个正整数，需要把该数逐位拆开，然后输出。要从一个数中分离某位数码，可以对 10 求余。用循环逐位从数中分离出来并输出。

假设输入的数 num=345，从低位开始分离：

　　做 345%10, 分离出个位数码 5;

为了能够继续使用求余运算分离下一位，需要改变 num 的值：

　　做 345/10, 得到 34, 将 34 赋给 num。

重复上述操作：

　　做 34%10, 分离出十位数码 4;
　　做 34/10, 得到 3, 将 3 赋给 num。
　　做 3%10, 分离出百位数码 3;
　　做 3/10, 得到 0, 将 0 赋给 num。

当 num 变成 0 时，处理过程结束。

归纳上述过程如下：

```
num%10      余数是分离出的一位数码;
num/=10     为下一次分离做准备;
直到：num==0    循环结束。
```

具体程序如下：

```
# include <stdio.h>
int main()
{ int num,digit;
  printf("Input a number: ");
  scanf("%d",&num);
  do
  {digit=num%10;
    printf("%d",digit);
    num/=10;
    }while(num!=0);
  printf("\n");
  return 0;
}
```

5.2　for 语句构成的循环

C 语言中的 for 语句使用最为灵活，不仅可用于循环次数已经确定的情况，也可用于循环次数不确定而只给出循环结束条件的情况，它完全可以代替前面讲过的 while 循环和 do-while 循环。

for 语句的一般形式如下：

```
for(表达式 1; 表达式 2; 表达式 3)语句
```

例如：

```
for(i=1;i<=10;i++)sum+=i;
```

for 循环的流程图如图 5.3 所示，执行过程如下：

(1) 若表达式 1 存在，则先计算表达式 1 的值，然后转向步骤(2)，若表达式 1 不存在，则直接进入步骤(2)。

(2) 计算表达式 2 的值，若其值为真(值为非 0)，则执行 for 语句中指定的循环体语句，然后执行步骤(3)；若为假(值为 0)则转到步骤(4)。

(3) 若表达式 3 存在，则计算表达式 3 的值，然后转向步骤(2)，若表达式 3 不存在，则直接转向步骤(2)。

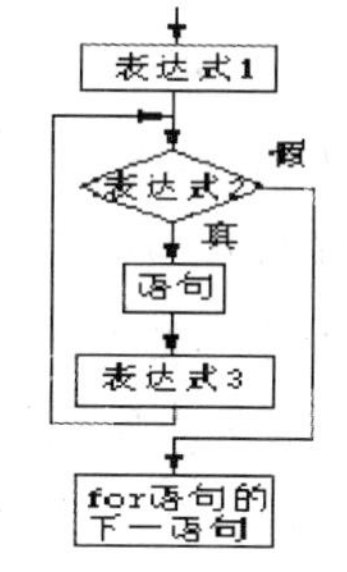

图 5.3　for 语句流程图

(4) 循环结束，执行 for 语句下面的语句。

图 5.3 显示了 for 循环的具体执行过程。

说明：

(1) 若表达式 1 被省略，则应在 for 语句之前给循环变量赋初值。

例如：i=1；sum=0;

```
for(;i<=10; i++) sum+=i;
```

(2) 若表达式 2 被省略，即不判断循环条件，则循环无终止地进行下去。也就是认为表达式 2 始终为真。

(3) 若表达式 3 被省略，则程序设计者应另外设法保证循环能够正常结束。

例如：sum=0;

```
for(i=1;i<=10;) {sum+=i; i++;}
```

(4) 若省略表达式 1 和表达式 3，只有表达式 2，即只给循环条件，则在这种情况下，完全等同于 while 语句。可见 for 语句比 while 语句功能强，除了可以给出循环条件外，还可以赋初值，使循环变量自动增值等。

例如：

```
i=1；sum=0;
for(;i<=10; ) {sum+=i; i++； }
```

(5) for 后面括号中的 3 个表达式都可以省略，但其中的两个分号不能省略。

例如：

```
for( ; ; ) printf("######");
```

这时没有循环变量、当然不能设循环变量的初值、也没有循环的判断条件、也没有循环变量的增值，计算机将无终止地执行循环体，反复输出“######”。

(6) 表达式 1 可以是设置循环变量初值的赋值表达式，也可以是与循环变量无关的其他表达式。

例如：

```
for(sum=0,i=0;i<=10;i++) sum+=i;
```

(7) 表达式 2 可以是任何合法的 C 语言表达式，只要其值为非零，就执行循环体。

例 5.4　输入一个 1~10 之间的整数，用 for 语句求这个数的阶乘。

分析：求一个数 n 的阶乘，就是从 1 开始，一直到 n 的所有整数相乘。由于要进行一次又一次的乘法，我们把乘法作为循环内容，每次的乘数比上一次的乘数大 1。

因此，我们设定一个变量 s(由于阶乘结果较大，所以用 long 类型)，初始值为 1，每循环一次就把一个整数(用 i 表示)乘到 s 中，这时 s 也称为累乘器。一次乘法完成后，把 i 增加 1，为下次循环准备。只要这个整数不超过范围(i<=n)，就继续循环。

```
# include <stdio.h>
int main()
{ int i,n;
  long s=1;
  printf("Input a number(1~10): ");
  scanf("%d",&n);
  for(i=1;i<=n;i++)
      s = s*i;
  printf("%d!=%ld\n",n,s);
  return 0;
}
```

例 5.5　输入一行字符，输出这行字符的个数。

分析：本题是统计一行中有多少个字符。可以定义一个变量 n，令 n=0，每读入一个字符，让 n 增加 1，直到输入一个结束标志(例如'\n')为止。读入一个字符可以用 getchar()函数，循环条件可以为 getchar()!='\n'。

```
#include<stdio.h>
int main()
{ int n=0;
  printf("Input a string: ");
  for(;getchar()!='\n';n++) ;
  printf("%d\n",n);
  return 0;
}
```

上面 for 循环的循环语句是空语句，因为统计字符个数的工作已经由 for 语句中的表达式 3(n++)实现了。

注意：可以把循环体和一些与循环控制无关的操作作为 for 语句中的表达式 1 或表达

式 3 的内容出现，这样循环语句可以短小简洁。但过分地利用这一特点会使 for 语句显得杂乱，可读性降低，建议不要把与循环控制无关的内容放在 for 语句中。

5.3　嵌套循环结构的概念和实现

循环嵌套是指一个循环体内又包含另一个完整的循环结构。内嵌的循环中还可以嵌套循环，这就是多层循环。while 循环、do-while 循环和 for 循环不仅可以自身嵌套，而且可以互相嵌套。例如：

```
(1) while()
      {…
       while()
         {…
          }
       …
      }

(2) do
     {…
      do
        {…
         } while();
          } while();

(3) for ( ; ; )
     {…
      for( ; ; )
        {…}
      …}

(4) while()
   {…
   do
   {…
     } while();
  …}

(5) for ( ; ; )
   {…
    while()
      {…}
   …}

(6) do
   {…
    for( ; ; )
      {…}
   …} while();
```

例 5.6 在计算机屏幕上输出如下一张九九乘法表。

```
1*1=1
1*2=2   2*2=4
1*3=3   2*3=6    3*3=9
1*4=4   2*4=8    3*4=12   4*4=16
1*5=5   2*5=10   3*5=15   4*5=20   5*5=25
1*6=6   2*6=12   3*6=18   4*6=24   5*6=30   6*6=36
1*7=7   2*7=14   3*7=21   4*7=28   5*7=35   6*7=42   7*7=49
1*8=8   2*8=16   3*8=24   4*8=32   5*8=40   6*8=48   7*8=56   8*8=64
1*9=9   2*9=18   3*9=27   4*9=36   5*9=45   6*9=54   7*9=63   8*9=72   9*9=81
```

分析：对于上述九九乘法表，共有 9 行，我们可以用一个循环变量 i 来依次表示第 i($1 \le i \le 9$)行。对于第 i 行来说，它又有 i 个等式，可以用一个循环变量 j 来依次表示第 j($1 \le j \le i$)个等式。第 i 行第 j 列的等式刚好是 i 和 j 相乘的式子。

具体程序如下：

```
# include <stdio.h>
int main()
{ int i,j;
```

```
    for(i=1;i<10;i++)          /*外层循环控制输出的行数*/
      { for(j=1;j<=i;j++)   /*内层循环控制每行输出的列数，以及输出的内容*/
            printf("%d*%d=%-3d",j,i,i*j);
        printf("\n");
      }
    return 0;
}
```

例 5.7　在计算机屏幕上输出如下图案。

```
    *
   ***
  *****
 *******
*********
```

分析：在上述图形中，共有 5 行，可以通过循环依次输出每一行。每一行中可分成两部分，前面由若干个空格组成，后面由若干个星号组成。具体有多少个空格或星号，可由具体的行数来决定。第 1 行有 4 个空格，从第 2 行开始，每行中的空格数比上一行少 1 个。第 1 行有 1 个星号，从第 2 行开始，每行中的星号比上一行多 2 个。

具体程序如下：

```
# include <stdio.h>
int main()
{ int i,j,k,n=5;    char c1= ' ', c2='*';
  for(i=0;i<n;i++)
     {for(j=0;j<n-i;j++)                /*输出每行中前面部分的若干个空格*/
           printf("%c", c1);
      for(k=0;k<=2*i;k++)               /*输出每行中后面部分的若干个*号*/
           printf("%c", c2);
      printf("\n");
      }
  return 0;
}
```

5.4　break 语句和 continue 语句

5.4.1　break 语句

break 语句可用来从循环体内跳出循环体，即提前结束循环，接着执行循环语句下面的语句。它的语法格式如下：

```
while(表达式)
    { 语句块 1
      if(条件)
break;
      语句块 2
    }
```

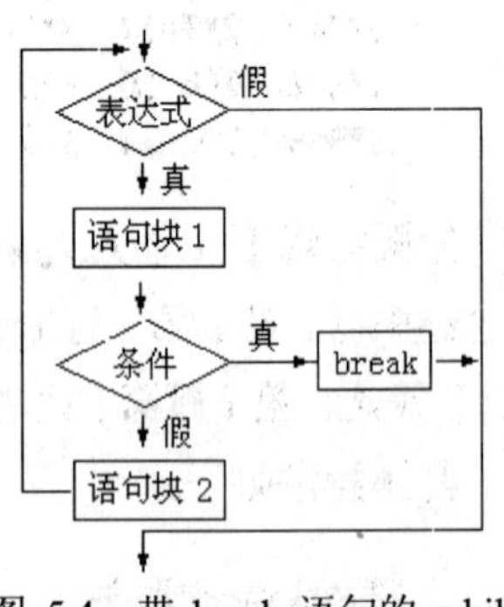

图 5.4　带 break 语句的 while

带 break 语句的循环流程如图 5.4 所示。

例 5.8　输入一个正整数 m，判断它是否为素数。

分析：判断一个数 m 是否为素数，需要检查该数 m 是否能被 2 ~ m-1 之间的整数整除。根据数学理论，只需检查 m 是否能被 2 ~ $\sqrt{m}$ 之间的整数整除即可。

设 i 取[2，$\sqrt{m}$]上的整数，如果 m 不能被该区间上的任何一个整数整除，即对每一个 i，m%i 都不为 0，则 m 是素数；但是只要找到一个能使 m%i 为 0 的 i，则 m 肯定不是素数。具体程序如下：

```
#include<math.h>
int main()
{ int i,m,k;
  printf("Input a number: ");
  scanf("%d",&m);
  k=sqrt(m);
  for(i=2;i<=k;i++)
      if (m%i==0) break;
  if (i<=k)   printf("%d is not a prime number.\n",m);
  else   printf("%d is a prime number.\n",m);
  return 0;
}
```

如果是执行 break 语句而使循环结束，则 m%i 的值应该为 0 且满足(i<=k)，否则(i<=k)不成立，所以可以用(i<=k)来判断 m 是否为素数。

5.4.2　continue 语句

一般形式如下：

```
continue;
```

其作用为结束本次循环，即跳过循环体中 continue 语句后面尚未执行的语句，接着进行下一次是否执行循环的判定。它的格式如下：

```
while(表达式)
    { 语句块 1
      if(条件)
continue;
      语句块 2
    }
```

带 continue 语句的循环流程图如图 5.5 所示。

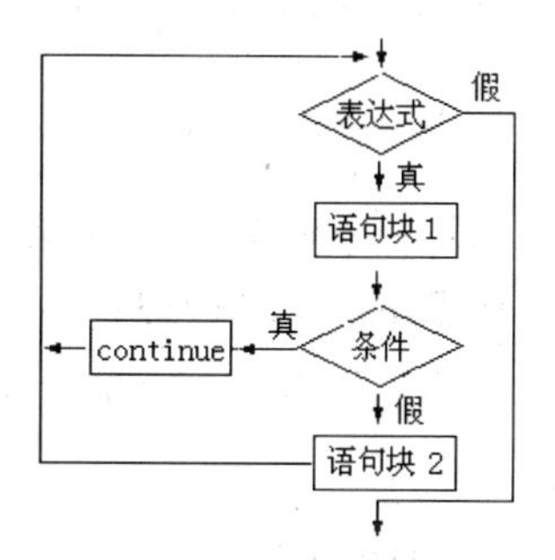

图 5.5　带 continue 语句的 while 循环流程图

例 5.9　从键盘上输入 100 个整数，求其中的正整数之和。

分析：可以循环 100 次完成 100 个整数的输入，每次输入一个数(如 n)之后，判断它是否为正整数？如果

n<=0，则跳过本次循环，进入下一次循环；如果 n>0，则累加。

具体程序如下：

```
# include <stdio.h>
int main()
{int i=0,n; long sum=0;
 while (i<100)
    {scanf("%d",&n);
     i++;
     if (n<=0)   continue;
     sum+=n;
    }
 printf("sum=%ld\n",sum);
return 0;
}
```

5.5　goto 语句和用 goto 语句构成循环

在 C 语言中，goto 语句为无条件转向语句，它的一般形式如下：

```
goto  语句标号;
```

goto 语句的功能是无条件使程序的流程从当前所在的位置，转向“语句标号”所指定的语句位置执行。

使用 goto 语句，需要注意以下几点：

(1) 语句标号用标识符表示，它的命名规则与变量名相同，即由字母、数字和下划线组成，其第一个字符必须为字母或下划线。不能用整数来做标号，例如：

```
goto  label_123;
```

是合法的，而

```
goto  123;
```

是不合法的。

(2) 在带语句标号的语句中，语句标号与语句之间用冒号作分隔。例如：

```
label_123: a=50;
```

可以用 goto 语句与 if 语句一起构成循环结构，如下面的例子所示。

例 5.10　求 1+2+3+…+n 的值。

分析：这是一个简单的求和累加问题。程序如下：

```
# include <stdio.h>
int main()
```

```
{    int i,n,sum=0;
        i=1;
        scanf("%d",&n);
 loop : if (i<=n)
          { sum+=i;
            i++;
            goto    loop;
          }
        printf("sum=%d\n",sum);
        return 0;
  }
```

由于 goto 语句容易使程序的流程变得可读性差，因此程序设计中应尽量少用或不用 goto 语句。

5.6　程序设计举例

例 5.11　利用下面的格里高利公式计算 π 的近似值，要求精确到最后一项的绝对值小于 10^{-6} 为止。

$$\frac{\pi}{4}=1-\frac{1}{3}+\frac{1}{5}-\frac{1}{7}+\cdots$$

分析：这是一个累加求和的问题，可以通过循环把每一项加到一起。用变量 pi 存储各项的和，第 i 项用变量 t 表示，t 的值在每次循环中都会改变，t 的值由分母(从 1 开始的奇数)和正 1 或负 1(轮流出现)组成。具体程序如下：

```
# include <stdio.h>
# include <math.h>
int main()
{ float i=1.0;   int k=1;
  double t=1.0, pi=0;
  do{
     pi= pi+t;
     i+=2;     k=-k;     t=k/i;
     }while(fabs(t)>=1e-6);
  pi= pi*4;
  printf("pi=%f\n",pi);
  return 0;
}
```

程序运行结果如下：

```
pi=3.141591
```

思考：根据本题思考其他的级数求和问题应该如何编程？

例 5.12　古代某工地需要搬砖块，已知男人一人搬 3 块，女人一人搬 2 块，小孩两人搬 1 块。问用 45 个人正好搬 45 块砖，有多少种搬法。

分析：这是一个组合问题，由 3 个因素决定搬法的种数：男人、女人和小孩的人数，人数的取值范围为 0~45，各类人数的取值之和正好等于 45 人。因此，对于每类人数的取值都要反复地试，最后确定正好满足 45 人搬 45 块砖的组合。显然这个问题可以用循环来解决。采用三重循环嵌套，具体程序如下：

```
# include <stdio.h>
int main()
{int men,women,child;
 for(men=0;men<=45;men++)
    for(women=0;women<=45;women++)
       for(child=0;child<=45;child++)
          if(men+women+child==45&&men*3+women*2+child*0.5==45)
             printf("men=%d     women=%d     child=%d\n",men,women,child);
 return 0;
}
```

程序运行结果如下：

```
men=0    women=15    child=30
men=3    women=10    child=32
men=6    women=5     child=34
men=9    women=0     child=36
```

上述程序有一些可以改进的地方。由于最多只有 45 块砖，男人的数量不会超过 15 人，女人的数量不会超过 22 人，而且男人和女人的数量确定下来后，小孩的数量也就确定了：

小孩数=45-男人数-女人数

改进后的程序如下：

```
# include <stdio.h>
int main()
{
 int men,women,child;
 for(men=0;men<=15;men++)
     for(women=0;women<=22;women++)
         { child=45-men-women;
           if (men*3+women*2+child*0.5==45)
               printf("men=%d     women=%d     child=%d\n",men,women,child);
         }
 return 0;
}
```

思考：不用 for 循环解决本问题，应该如何编程？

例 5.13　输入两个正整数 m 和 n，求它们的最大公约数和最小公倍数。

分析：我们考虑所有可能的情况，包括这两个数互质(公约数是 1)的情况。若 k 是 m 和 n 的公约数，则 k 的值可能是 1(两个数互质)、可能是 2、可能是 3、…、可能 q(q 是 m 和 n 中的最小数)，所以我们可以使用循环方法，在 1 到 q 的范围内找出 m 和 n 的最大的公约数。

分析：m*n 是 m 和 n 的一个公倍数，设 p 是 m 和 n 中比较大的数，则 p 有可能是 m 和 n 的公倍数，而小于 p 的数不可能是 m 和 n 的公倍数，所以我们可以使用循环方法，在 m*n 到 p 的范围内找出 m 和 n 的最小公倍数。

具体程序如下：

```
main( )
{int    m, n, p, q, k, t ;
  scanf("%d, %d", &m,&n);
  if (n<m)    {q=n; p=m; }    /*m 和 n 中的大数放在 p 中，小数放在 q 中*/
  else    {q=m; p=n; }
for(k=1; k<=q; k++)
      if (n%k==0 && m%k==0)    t=k;
  if (t==1)    printf("%d 和%d 互质\n", m, n);
else printf("%d 和%d 的最大公约数是：%d\n", m, n, t);
for(k=m*n; k>=p; k--)
      if (k%n==0 && k%m==0)    t=k;
printf("%d 和%d 的最小公倍数是：%d\n", m, n, t);
}
```

解决以上问题也可以采用其他算法来编写程序。例如，利用线性代数中求余数的算法：对于给定的两个正整数 m 和 n，要求它们的最大公约，先把它们分别赋给 a 和 b(假设 a>b)，a 对 b 求余，即 t=a%b；再把除数当被除数(即 a=b)，余数当除数(b=t)，只要 b 不为 0，则重复上述过程；当 b 为 0 时，a 就是它们的最大公约数。求它们的最小公倍数时，只要把原来的两个数 m 和 n 相乘，再除以它们的最大公约数，就得到了它们的最小公倍数。具体程序这里就省略了。

思考：若求 k(k>2)个正整数的最大公约数和最小公倍数，应该如何编程？

5.7　习　题

一、阅读程序，写出运行结果

```
1. #include <stdio.h>
   int main()
      {int s=0,k;
        for (k=7;k>=0;k--)
          {switch(k)
            {case 1:    case 4:    case 7:    s++;break;
              case 2:    case 3:    case 6:    break;
              case 0:    case 5:    s+=2; break;
            }
}
          printf("s=%d\n",s);
          return 0;
      }
```

```
2. #include <stdio.h>
```

```
    int main()
        {int i,j;
         for(i=4;i>=1;i--)
          {printf("*");
           for(j=1;j<=4-i;j++)    printf("*");
           printf("\n");
          }
        return 0;
        }
```

```
3. #include <stdio.h>
int main()
        {int i;
         for(i=1;i<=5;i++)
      { if (i%2)    printf("*");
           else    continue;
printf("#");
}
        printf("$\n");
               return 0;
               }
```

```
4.  # include <stdio.h>
int main( )
          { int i=0;
             while (i<=5)
                { ++i;
if ( i==3 )    continue ;
                  printf("i=%d\n",i);
                }
return 0;
}
```

```
5.  # include <stdio.h>
   int main( )
          { int x=0, y=10;
           do
 { y--;
x=x+y;
} while (--y);
                      printf("%d,%d\n"，x, y--);
return 0;
}
```

二、编写程序

1. 计算 1-1/2+1/3-1/4+⋯+1/99-1/100 的值，并输出结果。

2. 计算并输出 a+aa+aaa + ⋯ +aaa⋯a(n 个 a)之和。n 由键盘输入。(例如 a=2，n=3 时，是求 2+22+222 之和)。

3. 计算表达式 1+(3/2)+(5/4)+(7/6)+...+(99/98)+(101/100)的值。

4. 数列第 1 项为 2，此后各项均为它前一项的 2 倍再加 3，计算该数列前 10 项之和。

5. 1 分、2 分、5 分硬币组成 1 角钱，有多少种组合，输出每一种组合。

6. 对于 200 到 300 之间的整数，输出所有各位数码之和为 12、数码乘积为 42 的数。

7. 判断 101~200 之间有多少个素数，并输出所有素数。

8. 打印出所有的“水仙花数”。所谓“水仙花数”是指一个三位数，其各位数字立方和等于该数本身。例：153 是一个“水仙花数”，因为 $153=1^3+5^3+3^3$。

9. 将一个正整数分解质因数。例如：输入 90，打印出 90=2*3*3*5。

10. 输入一行字符，分别统计出其中英文字母、空格、数字和其他字符的个数。

11. 一个数如果恰好等于它的因子之和，这个数就称为“完数”。例如 6=1+2+3，编程找出 1000 以内的所有完数。

12. 猴子吃桃问题：猴子第一天摘下若干个桃子，当即吃了一半，还不过瘾，又多吃一个；第二天早上将剩下的桃子吃掉一半，然后又多吃了一个；以后每天早上都吃了前一天剩下的一半零一个；到第 10 天早上想再吃时，看见只剩下一个桃子了。求第一天共摘了多少桃子。

第6章　数　组

前面我们所使用的数据，都属于基本类型(如整型、实型、字符型)的数据，C 语言还提供了构造类型的数据，如数组、结构体、共用体等。本章将介绍数组，数组是有序数据的集合，数组中的每个元素都属于同一个数据类型，用数组名称加下标的形式来确定数组中的元素。

6.1　一 维 数 组

6.1.1　一维数组的定义

定义一维数组的形式如下：

类型说明符　数组名[常量表达式];

例如：

```
int   a[10];
```

定义了一个有 10 个元素的整型数组 a。

例如：

```
float   score[80], sum[30];
```

定义了有 80 个元素的实型数组 score 和有 30 个元素的实型数组 sum。

例如：

```
char   str[60], name[8], num[10];
```

定义了有 60 个元素的字符型数组 str，有 8 个元素的字符型数组 name 和有 10 个元素的字符型数组 num。

说明：

(1) 数组名的命名规则与变量名的命名规则相同。

(2) 数组定义形式中的常量表达式的值表示数组元素的个数，即数组长度。例如“int a[10];”，表示数组 a 长度为 10，数组 a 有 10 个元素，10 个数组元素的下标取 0、1、2、3、4、5、6、7、8、9 这 10 个整数，即数组 a 的 10 个元素分别表示为：a[0]、a[1]、a[2]、a[3]、a[4]、a[5]、a[6]、a[7]、a[8]、a[9]。

(3) 一个数组的所有元素是同种类型的一组变量。例如，定义“float　s[5];”后，相当于定义了一组 float 型变量，即 s[0]、s[1]、s[2]、s[3]、s[4]中的每一个都是 float 型变量。

(4) 在同一个函数中，数组名不能与其他变量名相同。例如，下面的代码是错误的：

```
main()
{int   a; float   a[5];
……
}
```

(5) 允许在同一个类型说明中定义多个数组和变量，例如：

```
int   i, j, k, a[6], b[8], c[9];
```

(6) 数组定义形式中的方括号中的常量表达式，可以包括常量和符号常量，但不能是变量，即 C 语言不允许对数组的大小作动态定义。例如，下面定义是错误的：

```
main()
{int   n;
 scanf("%d", &n);
 float   a[n];
……
}
```

下面的定义是可以的：

```
# define   N   5
main()
{ float   a[N], b[3+N];
   ……
}
```

(7) 系统为数组元素所分配的内存空间是连续的。

6.1.2　一维数组元素的引用和初始化

1. 一维数组元素的引用

必须先定义数组，然后才可以引用数组元素。

数组元素的表示形式为："数组名[下标]"，下标可以是整型常量或整型表达式，下标取值范围为 0 到"数组长度-1"范围内的整数。

例 6.1　从键盘输入 10 个整数，求这些数的总和以及平均值。

```
#include <stdio.h>
  int main()
{int   n, sum=0, a[10];   float   aver;
 for ( n=0; n<10; n++)
{scanf("%d", &a[n]);
 sum=sum+ a[n];
}
 aver =sum/10.0:
 for(n=0;n<=9;n++)
```

```
    printf("%d, ", a[n]);
    printf("%d, %f\n", sum, aver);
    return 0;
}
```

若输入：10　20　30　40　50　60 70 80 90 100

则输出为：10，20，30，40，50，60，70，80，90，100，550，55.000000

思考：若总和可能超过 32767，如何定义 sum？为什么将变量 aver 定义为 float 型？

2．一维数组元素的初始化

按照前面的方法定义数组后，数组元素是没有初始值的，就像一般的普通变量在定义后没有初始值那样，数组元素的值是不确定的。可以通过初始化的方式为它们赋初值，就是在定义数组时为数组元素赋初值。例如：

```
int  x[6]={1, 3, 5, 7, 9, 11};
```

执行上面定义和初始化后，x[0]=1、x[1]=3、x[2]=5、x[3]=7、x[4]=9、x[5]=11。

说明：

(1) 既可以给数组的所有元素赋初值，也可以只写出一部分元素的初值，例如：

```
int  x[6]={1, 3};
```

执行上面定义和初始化后，x[0]=1、x[1]=3，数组 x 的后 4 个元素的值都是 0。

(2) 对全部数组元素赋初值时，允许省略数组长度，例如：

```
int  x[6]={1, 3, 5, 7, 9, 11};
```

可以写成

```
int  x[ ]={1, 3, 5, 7, 9, 11};
```

(3) 若数组元素的初始值全为零，可以写成：

```
int  x[6]={0};
```

注意：不要将上面的写成“int　x[6]=0；”，这是错误的。因为 C 语言不允许对整个数组初始化。

6.1.3　一维数组程序设计举例

例 6.2　从键盘输入一个数，在数组中按顺序查找与该数相等的数，输出其所在的位置。

```
# include <stdio.h>
# define  N  10
int main()
{ int  n,m,sign=0;
  int  num[N]={16,35,48,29,56,43,93,64,90,48};
  printf("Please input the number: ") ;
  scanf("%d", &n);
```

```
    for ( m=0; m<N; m++)
    if (n==num[m])
  {printf("%d, %d \n", m,num[m]); sign=1;}
   if(sign!=1)printf("Have no this number。") ;
    return 0;
  }
```

若输入: 48
则输出为: 2, 48
　　　　　9, 48
若输入: 93
则输出为: 6, 93
若输入: 123
则输出为: Have no this number。

思考：若程序中不使用“标志”变量 sign，程序应该如何修改？

例 6.3　将随机产生的 10 个整数存放在数组中，找出其中最大的数及其在数组中的下标(若有多个相同的最大数，则取第一个最大数的下标)。

```
# define   N   10
# include <stdio.h>
# include <math.h>
int main()
{int k, max, loca=0, a[N];
 srand(time(NULL));                            /*设置随机数种子为当前时间*/
for (k=0;k<N;k++)   a[k]=rand();               /*产生随机数*/
 for (k=0;k<N;k++)   printf("%d,",a[k]);
 printf("\n");
 max=a[0];
 for(k=1;k<N;k++)
    if (a[k]>max)   {max=a[k]; loca=k;}
 printf("%d,%d\n",max,loca);
 return 0;
}
```

函数 srand()是设置随机数种子，每次执行程序时该函数产生不同的整数序列，也就是传递给 srand()一个整数，以便决定 rand()函数从何处开始生成随机数。函数 srand()调用 time(NULL)返回一个自 1970 年 1 月 1 日以来经历的秒数。函数 rand()的值是取值为 0 到 32767 之间的随机整数。

思考：若将“若有多个相同的最大数，则取第一个最人数的下标”换成“若有多个相同的最大数，则取最后一个最大数的下标”，程序应该如何修改？

例 6.4　对从键盘输入的 10 个整数，用选择排序法将它们从大到小排序。

具体作法如下：

将 10 个数赋给数组的 10 个元素，然后使用二层循环，查找给定范围内的最大数。

第 1 次找到 10 个数中的最大数，查找的范围是下标为 0 到 9 范围内的所有数组元素，记住存储这个最大数的数组元素的下标，将该下标对应的数组元素与下标为 0 的数组元素的值对换，使下标为 0 的数组元素中存储最大数，即下标为 0 的数组元素中存储的是：下标为 0 到 9 范围内的所有数组元素中的最大数。

第 2 次找到剩余的 9 个数(除去第 1 次找到最大数)中的最大数，查找的范围是下标为 1 到 9 范围内的所有数组元素，记住存储这个最大数的数组元素的下标，将该下标对应的数组元素与下标为 1 的数组元素的值对换，使下标为 1 的数组元素中存储这个范围内的最大数，即下标为 1 的数组元素中存储的是：下标为 1 到 9 范围内的所有数组元素中的最大数。

第 3 次找到剩余的 8 个数(除去第 1 次找到最大数、除去第 2 次找到最大数)中的最大数，查找的范围是下标为 2 到 9 范围内的所有数组元素(除去下标为 0 和 1 的数组元素)，记住存储这个最大数的数组元素的下标，将该下标对应的数组元素与下标为 2 的数组元素的值对换，使下标为 2 的数组元素中存储这个范围内的最大数，即下标为 2 的数组元素中存储的是：下标为 2 到 9 范围内的所有数组元素中的最大数。

依此类推。直到第 9 次找到剩余的 2 个数中的最大数，查找的范围是下标为 8 和 9 的两个数组元素，记住存储这个最大数的数组元素的下标，将该下标对应的数组元素与下标为 8 的数组元素的值对换，使下标为 8 的数组元素中存储这个范围内的最大数，即下标为 8 的数组元素中存储的是：下标为 8 和 9 两个数组元素中的最大数。剩下的一个数放在下标为 9 的数组元素中，显然是最小的数。

这种排序方法就称为选择排序法。程序代码如下：

```
#define  N  10
#include <stdio.h>
int main ( )
{ int   i, j, m, temp, a[N];
   for (i=0; i<N; i++)   scanf ("%d", &a[i]);
   for(i=0;i<=N-1;i++)   printf("%5d", a[i]);
   printf("\n");
for (i=0; i<=N-2; i++)
    {m=i;
for (j=i+1; j<=N-1; j++)
     if (a[j]>a[m])   m=j;
      temp=a[i];   a[i]=a[m];   a[m]=temp;
     }
 for (i=0; i<=N-1; i++)   printf ("%5d", a[i]);
printf("\n");
return 0;
}
若输入：4    9    1    3    0    5    7    2    8    6
输出为：4    9    1    3    0    5    7    2    8    6
        9    8    7    6    5    4    3    2    1    0
```

思考：若改为从小到大排序，程序应该如何修改？若对 N 个 float 型的数排序呢？

例 6.5 数组 x 的 10 个数已经按从大到小的顺序存放好了，从键盘输入数 y，将 y 插入数组 x 中，使插入后的数组 x 中的 11 个数仍按从大到小的顺序存放。

```
#define  N  11
#include <stdio.h>
int main()
```

```
{int i,k,y;
 int x[N]={98,96,87,78,72,64,56,51,43,36};
 for (k=0;k<=N-2;k++)     printf("%d ,",x[k]);
 printf("\n input the number inserted\n");
 scanf("%d",&y);
 if (y<=x[N-2])   x[N-1]=y;     /*若 y 小于或等于 x[N-2]，则将 y 插在最后*/
 else
   { i=0;
     while (i<N-1)
      {if (y>x[i])                /*若 y 大于 x[i]，则将 y 插在下标为 i 的位置*/
          {for (k=N-2;k>=i;k--) /*下标大于或等于 i 的元素依次向后移动一个位置*/
                  x[k+1]=x[k];
           x[i]=y; break;
          }
       i++;
      }
   }
  for (k=0;k<=N-1;k++)   printf("%d ,",x[k]);
  printf("\n");
return 0;
}
```

运行程序，首先显示：

```
98,96,87,78,72,64,56,51,43,36,
input the number inserted
若输入: 16
输出为: 98,96,87,78,72,64,56,51,43,36,16,
若输入: 123
输出为: 123,98,96,87,78,72,64,56,51,43,36,
若输入: 62
输出为: 98,96,87,78,72,64,62,56,51,43,36,
```

思考：解决本问题有无其他算法？试用其他算法编写程序。若数组 x 中的 10 个数是按从小到大的顺序排列的，程序应该如何修改？

例 6.6　数组 b 中的 15 个数按从小到大的顺序存放，现从键盘输入一个数 a，请使用折半查找法，在数组 b 中查找与数 a 相同的数的位置。

折半查找法的思想是：每次使查找范围缩减一半，逐渐缩小范围，逼近要查找的数。

设 top 和 bott 是查找范围的两个端点下标，mid=(top+ bott)/2。若 a 等于 b[mid]，表示找到了，输出查找结果，结束查找；若 a 在 b[top]和 b[mid]之间，则将 mid-1 赋给 bott，若 a 在 b[mid]和 b[bott]之间，则将 mid+1 赋给 top，得到新的端点下标；确定新的 top 和 bott 之后，查找范围缩减一半，重复上述过程，直到 top>bott 为止。

```
#define   N   15
#include <stdio.h>
int main()
{ int   top, bott, mid, loca, a, b[N]={1,2,3,4,5,6,7,8,9,10,11,12,13,14,
  15};
scanf("%d",&a);
```

```
  top=0; bott=N-1; loca=-1;
while (top<=bott)
     {mid=(top+bott)/2;
      if (a==b[mid])
        {printf("%d,%d\n", a, mid);   loca=mid; break;   }
      else if (a<b[mid]) bott=mid-1;
      else top=mid+1;
     }
  if (loca==-1)
printf("Did not find out %d\n",a);
  return 0;
}
若输入: 4
输出为: 4，3
若输入: 140
输出为: Did not find out 140
```

思考：若数组是无序的，如何使用折半查找法？数组是升序或降序影响编程吗？

6.2 二 维 数 组

6.2.1 二维数组的定义

二维数组定义的一般形式如下：

类型说明符　数组名[常量表达式 1][常量表达式 2]

例如，下面定义了二维数组 score 和 area，score 有 24(4 行 6 列)个数组元素，area 有 21(3 行 7 列)个数组元素，每个数组元素都是一个 float 型变量：

```
float   score[4][6],area[3][7];
```

下面的语句定义了二维数组 a、b 和 num，a 有 6(2 行 3 列)个数组元素，b 有 12(3 行 4 列)个数组元素，num 有 30(3 行 10 列)个数组元素，每个数组元素都是一个 int 型变量：

```
int   a[2][3],b[3][4],num[3][10];
```

二维数组中的元素在内存中是按行顺序存放的，系统为它们分配连续的内存空间，即先存放第一行的元素，再存放第二行的元素，… 。例如，上面定义的数组 a 的 6 个元素在内存中按如下顺序排列：

a[0][0], a[0][1], a[0][2], a[1][0], a[1][1], a[1][2]

可以把二维数组看成是一种特殊的一维数组，这个一维数组中的每个元素又是一个一维数组。例如，可以把上面定义的二维数组 num 看成是一维数组，这个一维数组有 num[0]、num[1]、num[2]三个元素。每个元素(num[0]或 num[1]或 num[2])都是包含 10 个元素的一维数组，num[0]、num[1]和 num[2]分别是 3 个一维数组的名称。如下所示：

$$num\begin{cases} \underline{num[0]}: \underline{num[0]}[0], \underline{num[0]}[1], \underline{num[0]}[2], \ldots, \underline{num[0]}[9] \\ \underline{num[1]}: \underline{num[1]}[0], \underline{num[1]}[1], \underline{num[1]}[2], \cdots, \underline{num[1]}[9] \\ \underline{num[2]}: \underline{num[2]}[0], \underline{num[2]}[1], \underline{num[2]}[2], \cdots, \underline{num[2]}[9] \end{cases}$$

也可以定义二维以上的多维数组，例如“int x[3][4][2]; ”，定义了有 24 个数组元素的三维数组 x。

6.2.2 二维数组元素的引用和初始化

1. 二维数组元素的引用

引用二维数组元素的一般形式如下：

数组名[行下标][列下标]

下标可以是整型变量或整型表达式，例如，num[1][2]、num[i][j] 、num[i+1][j-2]。行下标不能大于或等于数组的行数，列下标不能大于或等于数组的列数。

可以将二维数组元素看成是一个普通变量，二维数组元素可以被赋值，二维数组元素也可以出现在表达式中。

通常使用双重循环来操作二维数组元素，外层循环控制二维数组行下标的变化，内层循环控制二维数组列下标的变化。

例 6.7 已知矩阵 A 和 B 如下，矩阵 C=A+2B，矩阵 D=8A-B，请输出矩阵 C 和 D。

$$A=\begin{bmatrix}1 & 2 & 3\\4 & 5 & 6\end{bmatrix} \quad B=\begin{bmatrix}7 & 8 & 9\\10 & 11 & 12\end{bmatrix}$$

```
  #include <stdio.h>
int main()
{ int   a[2][3],b[2][3],c[2][3],d[2][3] ,i,j,k=1;
for (i=0;i<2;i++)
for (j=0;j<3;j++)
   {a[i][j]=k++;
    b[i][j]=a[i][j]+6;
   }
for (i=0;i<2;i++)
for (j=0;j<3;j++)
   {c[i][j]=a[i][j]+2*b[i][j];
    d[i][j]=8*a[i][j]-b[i][j];
   }
for (i=0;i<2;i++)
{for(j=0;j<3;j++)     printf("%5d",c[i][j]);
printf("\n");
 }
for (i=0;i<2;i++)
{for (j=0;j<3;j++)     printf("%5d",d[i][j]);
printf("\n");
 }
 return 0;
```

```
}
```

输出如下：

```
15  18  21
24  27  30
 1   8  15
22  29  36
```

2. 二维数组元素的初始化

(1) 分行给二维数组各元素赋初值，例如：

```
int a[2][3]={{1, 2, 3}, {4, 5, 6}};
```

将{1，2，3}分别赋给第一行的 3 个元素，将{4，5，6}分别赋给第二行的 3 个元素。

(2) 只用一个大括号，按排列顺序对各元素赋初值。例如，下面的作用与上面相同。

```
int a[2][3]={1, 2, 3, 4, 5, 6};
```

(3) 可以只写出部分元素的初值。

例如：

```
int b[2][3]={{1, 2}, {3}};
```

相当于 b[0][0]=1，b[0][1]=2，b[0][2]=0，b[1][0]=3，b[1][1]=0，b[1][2]=0。即上面没有对应列出值的数组各元素的初值取 0。

例如：

```
int b[2][3]={{1, 2}, { }};
```

相当于 b[0][0]=1，b[0][1]=2，其余元素(包括第二行)初值都是 0 。

例如：

```
int b[2][3]={{0, 1}, {0, 0, 3}};
```

相当于 b[0][1]=1， b[1][2]=3，其余元素都是 0。

(4) 可以省略行数。例如，下面两种定义等价：

```
int a[2][3]={1, 2, 3, 4, 5, 6};
int a[ ][3]={1, 2, 3, 4, 5, 6};
```

后一种定义省略了行数 2。但要注意不能省略列数，例如，下面的定义是错误的：“int a[2][ ]={1，2，3，4，5，6}；”。

对部分数组元素赋初值时，也可省略行数，但应分行赋初值。例如，下面的定义省略行数 3：

```
int a[ ][4]={{1, 2, 3}, { }, {6, 7, 8, 9}};
```

6.2.3　二维数组程序设计举例

例6.8　已知矩阵A和B如下，A′、B′分别表示A、B的转置矩阵，C=5A′-2B′，请输出矩阵C。

$$A=\begin{bmatrix}1 & 2\\4 & 5\end{bmatrix}\quad B=\begin{bmatrix}7 & 8\\10 & 11\end{bmatrix}$$

```
#include <stdio.h>
int main()
{ int  a[2][2]={1，2，4，5}；
int  b[2][2]={7，8，10，11}；
int  i,j,a1[2][2]，b1[2][2]，c[2][2];
for (i=0;i<2;i++)
for (j=0;j<2;j++)
  {a1[j][i]=a[i][j];        /* a1 是 a 的转置矩阵*/
   b1[j][i]=b[i][j];        /* b1 是 b 的转置矩阵*/
  }
for (i=0;i<2;i++)
for (j=0;j<2;j++)
  c[i][j]=5*a1[i][j]-2*b1[i][j];
for (i=0;i<2;i++)
{for (j=0;j<2;j++)    printf("%5d",c[i][j]);
printf("\n");
 }
 return 0;
}
```

输出结果如下：

```
-9    0
-6    3
```

思考：若改为计算并输出A与B的乘积矩阵C，程序应该如何编写？

例6.9　打印6行如下形式的杨辉三角形。

```
1
1    1
1    2    1
1    3    3    1
1    4    6    4    1
1    5   10   10    5    1
```

程序代码如下：

```
#define  N  7
#include <stdio.h>
int main()
{int   i, j, a[N][N];              /*没有使用下标为 0 的数组元素*/
for (i=1; i<N; i++)                /*第 1 列和对角线的元素值都取 1*/
{a[i][i]=1;   a[i][1]=1;
}
for (i=3; i<N; i++)
```

```
        for (j=2; j<=i-1; j++)
    a[i][j]=a[i-1][j-1]+a[i-1][j]; /*除第 1 列和对角线及对角线以上的元素外*/
    /*其他元素 a[i][j]满足 a[i][j]=a[i-1][j-1]+a[i-1][j]*/
    for (i=1; i<N; i++)
        {for (j=1; j<=i; j++)    printf("%5d", a[i][j]);
         printf("\n");
        }
    return 0;
    }
```

思考：若将杨辉三角形的形状由上面的直角三角形变为等腰三角形(在每两个数码间有一个空格，左右对称)，程序应该如何编写？

例 6.10　某个班级共有 M 个学生，每个学生学习 N 门课程，使用数组计算每个学生的 N 门课程的平均分。

```
#define   M   100
#define   N   5
int main()
{int   i, j;    float score[M][N], aver[M], sum;
for (i=0; i<M; i++)                    /*输入每个学生成绩*/
for (j=0; j<N; j++)
   scanf("%f", &score[i][j]);
for (i=0; i<M; i++)
{sum=0;
for (j=0; j<N; j++)                    /*计算每个学生总分及平均分*/
     sum=sum+ score[i][j];
  aver[i]=sum/N;
}
for (i=0; i<M; i++)
   printf("%f\n", aver[i]);
  }
```

思考：若要计算 M 个学生某一门课程的平均分，程序应该如何编写？

6.3　字符数组与字符串

6.3.1　字符数组的定义

字符数组用来存放字符型数据，字符数组定义的形式与前面介绍的普通数组类似，只是数据类型为 char。例如：

```
char   a[10], b[20];
```

定义了有 10 个数组元素的字符数组 a 和有 20 个数组元素的字符数组 b。

字符数组也可以是二维或多维的，例如：

```
char   name[80][10], address[80][60];
```

定义了有 80 行 10 列的二维字符数组 name 和有 80 行 60 列的二维字符数组 address。每个字符数组元素占一个字节的内存空间，可以存放一个字符。

6.3.2　字符数组的引用和初始化

1．字符数组的引用

字符数组的引用形式与前面介绍的一维数组和二维数组相同。形式如下：

```
数组名[下标]
或          数组名[行下标][列下标]
```

对下标的要求也与前面介绍的一维数组和二维数组相同。可以将每个数组元素看成是一个普通的字符型变量，数组元素可以被赋值，数组元素可以出现在表达式中。

2．字符数组的初始化

字符数组的初始化形式与前面介绍的一维数组和二维数组相同，只不过现在数组元素的取值是字符型的数据。

例如，可以像下面这样对字符数组 a 初始化，a 的每个数组元素存储一个字符：

```
char  a[5]={'A', 'B', 'C', 'D', 'E'};
```

即执行上面定义后，a[0]=‘A’、a[1]=‘B’、a[2]=‘C’、a[3]=‘D’、a[4]=‘E’。

若提供的字符个数与数组元素个数相同，可以省略数组长度。例如，下面的定义与上面的作用相同：

```
char  a[ ]={'A', 'B', 'C', 'D', 'E'};
```

也可以像下面这样给字符数组 a 的数组元素赋值：

```
char  a[5]={'A', 'B', 'C'};
```

即执行上面定义后，a[0]=‘A’、a[1]=‘B’、a[2]=‘C’，而 a[3]=a[4]=‘\0’。

‘\0’代表 ASCII 码为 0 的字符，不是一个可以显示的字符，而是一个空操作符。

6.3.3　字符串

字符串的用途非常大，例如，人的姓名、身份证号码，产品的名称、型号、产地，都是字符串。在 C 语言中，没有专门的字符串变量，通常用字符数组来存放字符串。

C 语言规定用字符‘\0’作为字符串结束标志，系统自动在字符串尾加上‘\0’。

由于系统自动在字符串尾加上了字符串结束标志‘\0’，所以可以利用‘\0’来判断字符串是否结束。从字符串的第一个字符开始向后逐个字符检查，遇到‘\0’时，就表示字符串结束了。

前面使用过的 printf 函数，可以输出一个字符串，例如：

```
printf("This is C program");
```

系统自动在字符串“This is C program”的尾部加了一个‘\0’，内存中存储的实际上是字符串“This is C program\0”。执行 printf 函数输出该字符串时，系统从第一个字符‘T’开始逐个字符输出，每输出一个字符都进行一次检查，遇到字符串结束标志‘\0’时，就停止输出。

可以使用字符串常量对一个字符数组进行初始化，例如：

```
char   a[6]={"China"};
```

它与下面的定义是等价的：

```
char   a[6]={'C', 'h', 'i', 'n', 'a', '\0'};
```

也可以省略上面两种定义中的数组长度 6，写成下面两种形式：

```
char   a[ ]={"China"};
char   a[ ]={ 'C', 'h', 'i', 'n', 'a', '\0'};
```

使用字符串常量进行初始化时，也可以省略大括号和数组长度 6，写成下面的形式：

```
char   a[ ]= "China";
```

注意，下面的定义与上面的几种定义形式是不等价的：

```
char   a[ ]={ 'C', 'h', 'i', 'n', 'a'};
```

因为缺少一个字符串结束标志‘\0’，这里省略的数组长度是 5，而不是 6。

6.3.4　字符数组的输入输出

可以分别采用格式符%c 和格式符%s 输入输出字符数组。

1. 用格式符%c 逐个字符输入输出字符数组元素的值

例 6.11　输入若干个字符，存储在数组中，输入'#'号时停止，输出其中的英文字符。

```
#include <stdio.h>
#define N 100          /*假设字符数小于 100*/
int main()
{ char   a[N];    int   i, k=0;
   for (i=0; i<N; i++)
      {scanf ("%c", &a[i]);
if (a[i]== '#')break;
       k++;
      }
   for (i=0; i<k; i++)
      if ('a'<=a[i]&&a[i]<='z'||'A'<=a[i]&&a[i]<='Z')
         printf ("%c", a[i]);
   printf("\n");
   return 0;
```

```
}
若输入：ab123EF*#678gh?+
则输出：abEFgh
```

2. 用格式符%s 整体输入输出字符数组元素的值

例 6.12 完成如下操作：输入一串字符(小于 30 个字符)存储在数组 a 中，输出其中的所有大写元音字母，将其中的所有大写元音字母存储到数组 b 中，输出数组 b。

```
# include <stdio.h>
int main()
{ char a[30],b[30]={'\0'}; int i,j=0;
   scanf("%s",a);
   printf("%s\n",a);
   for (i=0;i<30;i++)
        if (a[i]=='A'||a[i]=='E'||a[i]=='I'||a[i]=='O'||a[i]=='U')
           {printf("%c",a[i]);
b[j++]=a[i];
}
   printf("\n");
   printf("%s\n",b);
   return 0;
}
若输入：AAaa123EEFF*#deII678fgOOghUU*
则输出：AAaa123EEFF*#deII678fgOOghUU*
        AAEEIIOOUU
        AAEEIIOOUU
```

注意：像上面那样输入 29 个字符后，系统自动将'\0'加在这串字符的最后，实际数组 a 中存储的是 30 个字符，即 a[29]= ‘\0’ 。

对于字符数组输入输出的几点说明：

(1) 用%s 输出字符数组内容时，从数组的第一个字符开始向后逐个字符输出，遇见‘\0’就停止，即使存储的字符个数小于数组长度，遇见‘\0’也结束输出。例如：

```
char   x[8]={"array"};   printf("%s",x);
```

x 的前 5 个元素中存储了 5 个字符(非‘\0’)，x 的后 3 个元素存储的字符都是‘\0’，输出 5 个字符“array”后，遇见了‘\0’，结束输出。

(2) 若字符数组中包含两个或两个以上的‘\0’，则遇见第一个‘\0’时就输出结束。例如：

```
char   a[10]={ 'a', 'r', 'r', 'a', 'y', '\0', 's', 't', 'r', '\0’ };
printf("%s",a);
```

只是输出“array”，后面的“str”不能一起输出。

(3) 与格式符%s 对应的输出项是字符数组名称，不是字符数组元素名称。与格式符%c 对应的输出项是字符数组元素名称，不是字符数组名称。例如，下面 printf 函数的用法都是错误的：

```
char  x[8];
printf("%s",x[0]);
printf("%c",x);
```

(4) 使用%s 给字符数组输入一串字符时，这串字符的中间不能有空格，否则只是把第一个空格前的字符赋给了字符数组。例如，执行下面语句给字符数组 s 赋值：

```
char  s[30];
scanf("%s",s);
printf("%s",s);
```

若输入中间有空格的一串字符：

```
students  study  C-program
```

实际上只是将第一个空格前的 8 个字符“students”加上‘\0’赋给了字符数组 s。显示输出的结果如下：

```
students
```

6.3.5　处理字符串的函数

C 语言提供了许多处理字符串的函数，使用这些函数编程很方便。但要注意的是：使用函数 gets 和 puts 时，要用预处理语句# include 将“stdio.h”包含进程序中来；使用函数 strcat、strcpy、strcmp、strlen、strlwr、strupr 时，要用预处理语句# include 将“string.h”包含进程序中来。

1．输入字符串函数

格式为：gets(字符数组名)

作用是从终端输入一个字符串，赋给字符数组。函数值是该字符数组的起始地址。

例如，执行下面语句：

```
char  s[30];
gets(s);
```

从键盘输入 24 个字符“students　study　C-program”后按回车键。注意到这个字符串中包含了 2 个空格，系统将这 24 个字符存储到字符数组 s 中，并且系统在这 24 个字符的后面自动添加了‘\0’，‘\0’也和前面的字符一起存储到字符数组 s 中。

2．输出字符串函数

格式为：puts(字符数组名)

作用是将存储在字符数组中的字符串(以'\0'结尾的字符序列)输出到终端，在输出时将字符串结束标志‘\0’转换成‘\n’，即输出完字符序列后换行。

例如，执行下面的语句：

```
char  s[30]={"students  study  C-program"};
puts(s);
printf("%s", "struggle");
```

输出为：

```
students  study  C-program
struggle
```

3．连接字符串函数

格式为：strcat(字符数组名 1，字符串 2)

作用是将字符串 2 连接到字符数组名 1 中存储的字符串的后面，并且删除字符数组名 1 中存储的字符串结束标志‘\0’。函数值是字符数组名 1 的起始地址。

注意：

(1) 字符数组名 1 必须定义的足够长，以便能够容纳连接后的字符串；

(2) 字符串 2 可以是字符数组名称，也可以是字符串常量。

例如，执行下面的语句：

```
char  s1[30]={"we love  "};
char  s2[20]={"china"};
strcat(s1,s2);  puts(s1);
strcat(s2, "people");  puts(s2);
```

输出为：

```
we love china
china people
```

(3) 可以使用函数 strncat(字符数组名 1，字符串 2，n)，将字符串 2 的前 n 个字符连接到字符数组名 1 中存储的字符串的后面。

4．复制字符串函数

格式为：strcpy(字符数组名 1，字符串 2)

作用是将字符串 2 中的字符串复制到字符数组名 1 中，字符串 2 末尾的字符串结束标志‘\0’也复制过去。

注意：

(1) 不能用赋值语句直接给一个字符数组赋值，必须用函数 strcpy 给一个字符数组赋值。例如，下面给字符数组 s1 赋值的两种形式都是错误的：

```
char  s1[80],s2[60]="abdcefg";
s1=s2;              /*应该用 strcpy(s1,s2);*/
s1="LMNXYZ";        /*应该用 strcpy(s1,"LMNXYZ");*/
```

(2) 字符数组名 1 必须定义的足够长，以便能够容纳复制后的字符串。

(3) 字符串 2 可以是字符数组名称，也可以是字符串常量。

(4) 可以使用函数 strncpy(字符数组名 1，字符串 2，n)，将字符串 2 的前 n 个字符复制到字符数组名 1 中。

例 6.13　复制字符串函数的使用情况。

```
#include <stdio.h>
int main()
{   int i;
    char  s1[12]={"abcdefghijk"};
    char  s2[10]="123456";
    strcpy(s1,s2);
    puts(s1);   puts(s2);
    for (i=0;i<12;i++)    printf("%c,",s1[i]);
    printf("\n");
    strcpy(s1,"ABCDEFGH");
    puts(s1);
    for (i=0;i<12;i++)    printf("%c,",s1[i]);
    return 0;
}
```

程序输出如下：

```
123456
123456
1,2,3,4,5,6, ,h,i,j,k, ,
ABCDEFGH
A,B,C,D,E,F,G,H, ,j,k, ,
```

上面程序执行“strcpy(s1,s2);”后，s1 中各元素的存储情况如下：

```
s1[0]='1',s1[1]='2',s1[2]='3',s1[3]='4',s1[4]='5',s1[5]='6',
s1[6]='\0',s1[7]='h',s1[8]='i',s1[9]='j',s1[10]='k',s1[11]='\0'
```

上面程序执行“strcpy(s1,"ABCDEFGH");”后，s1 的存储情况如下：

```
s1[0]='A',s1[1]='B',s1[2]='C',s1[3]='D',s1[4]='E',s1[5]='F',
s1[6]='G',s1[7]='H',s1[8]='\0',s1[9]='j',s1[10]='k',s1[11]='\0'
```

读者自行分析上面例题的运行结果，加深对 strcpy 函数使用情况的了解。

5. 比较字符串函数

格式为：strcmp(字符串 1，字符串 2)

作用是比较两个字符串的大小。若字符串 1 大于字符串 2，则函数值为一正整数；若字符串 1 小于字符串 2，函数值为一负整数；若字符串 1 等于字符串 2，函数值为 0。

字符串 1 和字符串 2 可以是字符串常量，也可以是字符数组名称。

比较大小的规则是：对两个字符串从左至右，按 ASCII 码值逐个字符相比。如果所有相同位置对应的字符全部相同，则认为两个字符串相等。如果遇到相同位置对应的字符是不相同的，则以第一次遇到的相同位置的不同字符的比较结果为准。例如：

```
strcmp("abcdxym", "abcdeyz")>0 成立。
strcmp("abcdefg", "abcdefg")==0 成立。
strcmp("abcdeyz", "abcdxym")<0 成立。
strcmp("abcdxym", "abcd")>0 成立。
```

若 char s1[10]= "BFGH",s2[10]="Bfg"，则 strcmp(s1,s2)<0 成立，strcmp("BAG",s2)<0 成立，strcmp(s1,"BFGH")==0 成立。

6. 求字符串长度函数

格式为：strlen(字符串)

作用是求字符串的长度，字符串可以是字符串常量，也可以是字符数组名称。函数值为不包括字符串尾的'\0'在内的所有字符数。例如，若 s1、s2、s3 定义如下：

```
char  s1[10]={"efg"};
char  s2[10]={'e','f','g','\0'};
char  s3[10]={'e','f','g','\0','h','i','\0'};
```

那么，strlen(s1)等于 strlen(s2)等于 strlen(s3)等于 strlen("efg")等于 3。

注意：虽然字符数组 s3 有 10 个数组元素，存储了 5 个英文字母和若干个'\0'，但 strlen(s3)不等于 10，也不等于 5，也不等于 7。

7. 将大写字母转换成小写字母函数

格式为：strlwr(字符串)

作用是将字符串中的大写字母转换为小写字母，字符串中的其他字符保持不变。字符串可以是字符串常量，也可以是字符数组名称。例如：

```
char  s1[20]={"ABCDefg123*%#"};
printf("%s\n%s",strlwr(s1),strlwr("789Aabb**EFG"));
```

输出结果如下：

```
abcdefg123*%#
789aabb**efg
```

8. 将小写字母转换成大写字母函数

格式为：strupr(字符串)

作用是将字符串中的小写字母转换为大写字母，字符串中的其他字符保持不变。字符串可以是字符串常量，也可以是字符数组名称。

6.3.6 字符数组程序设计举例

例 6.14 将指定的一个字符从字符串中删除。

算法是：首先将字符串存储在数组 s1 中，将指定的一个字符存储在变量 ch 中，然后将 s1 中所有与 ch 不相同的其他字符复制到数组 s2 中。则数组 s2 中存储的就是删除了指定字符之后的其他字符。

```
#include <string.h>
#include <stdio.h>
int main()
  {int   i, j=0;
   char   ch, s1[30], s2[30] ;
   printf("Please input a string: ");
   gets(s1);
   printf("Please input a char: ");
   scanf("%c",&ch);
   for (i=0;s1[i]!='\0';i++)
      if (s1[i]!=ch)   s2[j++]=s1[i];
   s2[j]='\0';
   puts(s2);
   return 0;
  }
```

程序执行情况如下：

```
输出：Please input a string:
输入：ABBA3Adfg
输出：Please input a char:
输入：A
输出：BB3dfg
```

思考：若不引入数组 s2，只用一个数组 s1，能否解决该问题？应该如何编程。

例 6.15　输入 10 个字符，用冒泡法将这 10 个字符从小到大排序。

```
# define   K   10
# include <stdio.h>
int main()
{ int   m, n;   char   ch, a[K+1];
  printf("input character :\n");
  for ( n=1; n<=K; n++)                /*没有使用下标为 0 的数组元素*/
     scanf("%c",&a[n]) ;
  for ( n=1; n<=K-1; n++)
     for ( m=1; m<=K-n; m++)
        if (a[m]>a[m+1])
{ch= a[m]; a[m]= a[m+1]; a[m+1]=ch;}
  for ( n=1; n<=K; n++)
printf("%3c", a[n]);
   return 0;
}
执行程序若输入：BHCFEDAGJI
则程序的输出为：A  B  C  D  E  F  G  H  I  J
```

冒泡法的编程思路是：

首先进行第 1 轮比较(n=1)，找出 a[1]至 a[K]范围内最大的字符，存放在 a[K]中；

然后进行第 2 轮比较(n=2)，找出 a[1]至 a[K-1]范围内最大的字符，存放在 a[K-1]中；

然后进行第 3 轮比较(n=3)，找出 a[1]至 a[K-2]范围内最大的字符，存放在 a[K-2]中；

……

然后进行第 K-2 轮比较(n=K-2)，找出 a[1]至 a[3]的范围内最大的字符，存放在 a[3]中；

最后进行第 K-1 轮比较(n=K-1)，找出 a[1]和 a[2]中的最大的字符，存放在 a[2]中。此时存放在 a[1]中的自然是最小的字符。

对于每一轮比较，根据给定的 n 值，在 a[1]至 a[K-n](1<=m<=K-n)范围内，每个数组元素 a[m]与它后面的相邻元素 a[m+1]进行比较。比较时，若 a[m]大于 a[m+1]，则交换这两个元素的值。这样经过若干次相邻元素的比较和交换，就将本轮要比较的范围内的最大值找了出来，并存放于 a[K-n+1]中。

使用冒泡法，也可以对若干个数字或若干个字符串进行排序(升序或降序)。下面是对 K 个字符串进行从小到大排序的程序。

```
#include <string.h>
#include <stdio.h>
#define   K   6
int main()
{ int   m, n;
   char   ch[10] , a[K][10];
   printf("input character string:\n");
   for ( n=0; n<=K-1; n++)
        gets(a[n]) ;
   for ( n=0; n<=K-2; n++)
        for ( m=0; m<=K-2-n; m++)
              if (strcmp(a[m],a[m+1])>0)
{strcpy(ch, a[m] ); strcpy( a[m], a[m+1] ); strcpy(a[m+1], ch); }
   for ( n=0; n<=K-1; n++)
puts(a[n]);
   return 0;
}
```

执行程序若输入：

```
shanghai
haerbin
hangzhou
xian
beijing
Guangzhou
```

则程序的输出为：

```
beijing
guangzhou
haerbin
hangzhou
shanghai
xian
```

思考：冒泡法排序与选择法排序相比，编程思路有什么区别？

例 6.16　输入 N 个字符串，输出最大的字符串、最长的字符串以及它们的长度。

```
#include <string.h>
#include <stdio.h>
#define  N  6
int main()
{ int i,k=0,h;   char big[20], str[N][20];  /*设每个字符串的长度都小于 20*/
  for (i=0;i<N;i++)   gets(str[i]);
  strcpy(big,str[0]);
  h=strlen(str[0]);
  for (i=1;i<N;i++)
     {if  (strcmp(str[i],big)>0)   strcpy(big,str[i]);
      if  (strlen(str[i])>h)   { h=strlen(str[i]); k=i; }
     }
  printf("The largest string is:%s\n",big);
  printf("The longest string is:%s, the length is %d\n",str[k],h);
  return 0;
}
```

执行程序若输入：

```
big city
small city
output information
knowledge
character
worker
```

则程序的输出为：

```
The largest string is: worker
The longest string is: output information,the Length is 18
```

思考：如果要输出最小的字符串、最短的字符串，程序应该如何修改？

例 6.17　输入一行英文句子(小于 80 个字符且全部由英文字符组成)，统计其中有多少个单词。要求输入时，两个单词之间用若干个空格隔开。允许输入时在英文句子的前面有空格。

```
#include <string.h>
#include <stdio.h>
int main( )
{ char str1[80],str2[80];   int i,j=0,k=0,num;
  gets(str1);
  while (str1[k]==' ')   k++;            /*循环结束时，k 值是英文句子前面的空格数*/
  for (i=k;str1[i]!='\0';i++)
       str2[j++]=str1[i];                /*将 str1 的前端空格去除后复制到 str2 中*/
  if (strlen(str2)==0)
      printf("There are 0 words \n");   /*若输入的是空句子,包含 0 个单词*/
  else
   {num=1;
    for (i=1;str2[i]!='\0';i++)
       if (str2[i]==' '&&str2[i+1]!=' ')
           num++;                       /*若一个空格后连接一个非空格，则表示出现了一个单词*/
    printf("There are %d words \n",num);
```

```
    }
  return 0;
}
```

执行程序若输入：We are studying↙
则程序的输出为：There are 3 words

执行程序时若直接按回车键(或输入几个空格后按回车键)(即输入的句子是空的)，则程序的输出为：

```
There are 0 words
```

思考：如果这一行英文句子中包含非英文字符(如数码、其他符号等)，如何编程？

例 6.18 数组中存储了 N 个学生的学号、姓名、联系电话、住址等信息。根据从键盘输入的学号，查找并输出符合条件的学生的信息。

```
#include <stdio.h>
#define  N  6
int main()
{char  number[N][10], name[N][10], phnoe[N][15], address[N][20], find[10];
int k, p,mark=0;
 for(k=0; k<N; k++)      /*输入每个学生的信息*/
{gets(number[k]); gets(name[k]); gets(phnoe[k]); gets(address ); }
      printf("输入需要查找的学生的学号:\n" );
gets(find);
for(k=0; k<N; k++)
if (strcmp(find, number[k])==0) {p=k; mark=1; break;}
if (mark==1) printf("%s,%s,%s,%s\n", number[p], name[p], phnoe[p]),
address[p]);
else printf("没有发现!");
  return 0;
}
```

思考：能否将学生的学号、姓名、联系电话、住址等信息存储在一个字符数组中？那样的话，程序如何修改？若按姓名等不具有唯一性的信息来查找，程序如何修改？

6.4 习　题

一、阅读程序，写出运行结果

```
1. # include <stdio.h>
  int main()
      {int  i,j, a[6]={12,4,17,25,27,16},b[6]={27,13,4,25,23,16};
       for ( i=0; i<6; i++)
           {for ( j=0; j<6; j++)  if (a[i]==b[j])  break;
if (j<6)  printf("%d",a[i]);
           }
      printf ("\n");
      return 0;
     }
```

```
2. # include <stdio.h>
int main()
    {int a[3][3], sum=0;
  int i,j;
    printf("please input element:\n");
    for (i=0;i<3;i++)
      for (j=0;j<3;j++)   scanf("%d",&a[i][j]);
    for (i=0;i<3;i++)   sum=sum+a[i][i];
    printf("sum=%6d",sum);
    return 0;
   }
```

运行该程序时输入 9 个数，按顺序分别是前 9 个自然数。

```
3. # include <stdio.h>
  int main()
    {int a[2][3]={{1,2,3},{4,5,6}}, b[3][2],i,j;
     printf("array a:\n");
     for (i=0;i<=1;i++)
{for (j=0;j<=2;j++)   printf("%5d",a[i][j]);
        printf("\n");   }
     for(i=0;i<=1;i++)
       for(j=0;j<=2;j++)   b[j][i]=a[i][j];
     printf("array b:\n");
     for(i=0;i<=2;i++)
{for(j=0;j<=1;j++)   printf("%5d",b[i][j]);
        printf("\n");   }
     return 0;
    }
```

```
 4. # include <stdio.h>
    int main()
    {char a[5]={'*','*','*','*','*'};   int i,j,k;     char space=' ';
     for (i=0;i<=4;i++)
      {printf("\n");
       for(j=1;j<=3*i;j++)   printf("%c",space);
       for (k=0;k<=4;k++)   printf("%3c",a[k]);
      }
     return 0;
     }
```

```
 5. # include <stdio.h>
 int main()
     {char s1[80],s2[40];     int i=0,j=0;
      printf("\n please input string1:");     scanf("%s",s1);
      printf("\n please input string2:");     scanf("%s",s2);
      while (s1[i]!='\0')   i++;
      while (s2[i]!='\0')   s1[i++]=s2[j++];
      s1[i]='\0';     printf("\nthe result is : %s",s1);
return 0;
}
```

请写出该程序所实现的功能。

二、编写程序

1. 将两个长度相同的整型一维数组中的对应元素的值相加后并输出结果数组。

2. 将实型一维数组元素的最大值与第一个数组元素的值交换，最小值与最后一个数组元素的值交换。

3. 整型一维数组中存放互不相同的 10 个数，从键盘输入一个整数，输出与该数相同的数组元素的下标。

4. 一个包含 10 个元素的整型数组，已经按升序排好序了。现输入一个数，将它插入数组中，要求插入后，数组元素仍然按升序排列。

5. 输入若干学生的成绩(用负数结束输入)，计算其平均成绩，并统计不低于平均分的学生人数。

6. 求一个 6*6 矩阵中的非零元素之和。

7. 将一个一维数组的元素值逆序存放后输出。

8. 用筛法求 100 之内的素数。算法是：用从 2 到 100 的平方根之间的每个数，按顺序去除大于该数且小于等于 100 之间的每个数，凡能被整除的不是素数，将其筛掉，剩下的就是素数。

9. 对 10 个实数进行排序(要求用选择法)。

10. 从键盘输入一个数 b，将数组 a 中与 b 相同的数都删除。被删除的数组元素的位置由后面数组元素依次前移一位来填补。

11. 从 10 个字符串中，查找最长的字符串。每个字符串不超过 80 个字符。

12. 判断某个单词在一个英文句子中是否出现。

13. 输入一行英文句子，将其中的空格用‘*’取代，然后输出。

14. 输入若干个国家的英文名字，将它们按字母顺序从大到小排列，然后输出。

15. 将 100 件商品的英文名称存储在数组中，输出名称的第 3 个字符是‘b’的所有商品英文名称；再输出名称的长度小于 6 个字符的商品英文名称。

第7章　函　数

函数是C程序的基本模块，使用函数可以简化程序的结构，使程序达到模块化的要求。

7.1　函数概述

在进行程序设计时，设计人员通常把一个较大的程序划分为若干个程序模块，每个程序模块用来实现一个特定的功能，通常把每个程序模块称作一个子程序。在C语言中，子程序的功能是由函数来完成的，一个C程序可以由一个主函数和若干个函数构成。由主函数调用其他函数，其他函数也可以互相调用，同一个函数可以被一个或多个函数调用任意多次。

在程序设计中，通常将一些常用的功能模块编写成函数，放在函数库中供编程时选用。在程序设计时，善于使用函数，可以减少重复编写程序段的工作量。

下面是一个简单的函数调用的例子。

例7.1　N个学生某门课的分数按从大到小顺序存储在数组中，调用函数完成：(1) 计算平均分；(2)根据输入的分数，输出该分数在N个分数中的排名。

```
#include <stdio.h>
#define   N   10
int score[N]={97,90,88,82,79,78,73,68,66,65};
void function1( )
{int i,s=0;
 for(i=0;i<N;i++)      s=s+score[i];
 printf("平均分为：%f\n",(float)s/N);
return ;
}
int function2(int n)
{int i,j,k=-1;
 for(i=0;i<N;i++)
    if (n==score[i]) k=i+1;
return k;
}
   int main()
{ int a, t;
   function1();
printf("输入一个分数");   scanf("%d",&a);
   t=function2(a);
   if (t>=0)   printf("该分数在%d个分数中排名第%d。",N,t+1);
   else   printf("不存在此分数！");
```

```
    return 0;
}
```

函数 function1 实现计算平均分；函数 function2 用来查找给定分数的位置，若给定分数在数组中不存在，则返回值为-1。

在 C 语言中，从函数定义的角度看，函数可以分为如下两种：

(1) 标准函数，即库函数。是由 C 编译系统提供的，用户不必自己定义、可以直接使用的函数。例如：printf、scanf、getchar、putchar 等函数都是标准函数。附录 D 中给出了常用的库函数。

(2) 用户自定义函数。是由用户自己编写的函数，以解决用户的专门需要。例 7.1 中的函数 function1 和 function2 就是用户自定义函数。

7.2　函数的定义

根据有无参数，可以将函数分为如下两种形式。

1. 无参函数

定义形式如下：

```
类型标识符    函数名( )/*函数的首部*/
{
  声明部分                    /*函数体*/
  执行部分
}
```

类型标识符用来说明函数返回值的类型，也称为函数的类型。若省略类型标识符，则默认返回值类型为整型；当函数无返回值时，可以指定函数的类型为 void。

例 7.1 中的 function1 函数就是无参函数。

2. 有参函数

定义形式如下：

```
类型标识符   函数名(形参列表)/*函数的首部*/
{
  声明部分                        /*函数体*/
  执行部分
}
```

例 7.1 中的 function2 函数就是有参函数。

例 7.2　编写一个函数，求两个数的最大值。程序代码如下：

```
int max(int a, int b)
{ int x;
  if(a>b) x=a;
```

```
    else    x=b;
    return x;
}
```

上面定义了有参函数 max，参数为 a 和 b。return 语句用来返回函数值。

对函数定义的几点说明：

(1) 函数名的命名要符合标识符的命名规则，同一程序中函数不能重名，一个函数名用来唯一标识一个函数。

(2) 无参函数的形参列表是空的，但“()”不能省略；有参函数，要说明每一个形参的类型，形参可以是变量名、数组名、指针变量名等，形参列表中若多于一个形参，则形参之间用逗号分隔。

(3) 大括号内的部分称为“函数体”。函数体由声明部分和执行部分构成。声明部分对函数内所使用变量的类型和被调用的函数进行定义和声明；执行部分是实现函数功能的语句序列。

(4) 当函数体为空时，称此函数为空函数。调用空函数时，什么工作也不做。

(5) 函数定义时，旧版的 C 语言中，函数首部中的形参列表仅包含形参，形参的类型另起一行来说明；而新版的 C 语言中，函数首部中的形参列表包含形参的类型和形参。

例如：int max(int x , int y)为新版的函数定义方式。

而

```
int max (x, y)
int x, y;
```

为旧版的函数定义方式。

一般来说，在新版的 C 语言中以上两种定义方式都能使用。

7.3 函数的参数和函数的返回值

7.3.1 形式参数和实际参数

定义函数时的参数称为形式参数，简称为形参。形参在该函数未被调用时是没有确定取值的，只是形式上的参数。调用函数时的参数称为实际参数，简称为实参。实参可以是变量、常量或表达式，有确定的取值，是实实在在的参数。函数定义时形参不占内存，只有发生调用时，形参才被分配内存单元，接受实参传来的数据。

定义函数时必须定义形参的类型。函数的形参与实参要求在个数上相等，并且对应的形参和实参的类型也要相同。形参和实参可以同名，形参是该函数内部的变量，即使形参和实参同名，也是两个不同的变量，占用不同的内存单元。

例 7.3 数组中存储若干个数码(可以重复)，试编写一个函数，对于给定的一个数码，统计该数码在数组中出现的次数。主函数可以多次调用上面的函数，实现多次统计输出。

程序代码如下：

```
#include<stdio.h>
void fun(int b)                              /*函数定义，b 为形参*/
{ int st[20]={2,6,3,5,7,1,4,3,4,2,2,6,6,1,7,5,5,2,1,7};
  int k ,n=0;
  for (k=0; k<20; k++)    if (st[k]==b) n++;
  printf("\n %d appear %d times.\n", b,n);
}
int main()
{ int a,yn=0;
  while(yn==0)
     { printf("Input a number(0—9): ");
       scanf("%d", &a);     fun(a);             /*调用函数，a 为实参*/
       printf("If continue, please input 0, otherwise input 1：");
       scanf("%d", &yn);
     }
  return 0;
}
```

该程序是由主函数 main 和自定义函数 fun 组成。fun 函数有一个整型的形参，它的功能是根据参数的值，统计在数组中该参数(即某个数码)出现的次数。

运行程序，显示及输入输出情况如下：

```
Input a number(0—9):3
3 appear 2 times.
If continue, please input 0, otherwise input 1：0
Input a number(0—9):9
9 appear 0 times.
If continue, please input 0, otherwise input 1：1
```

7.3.2　函数的返回值

在执行被调用函数时，如果要将被调用函数的值返回给调用它的函数，则需要使用 return 语句。return 语句返回的数据，称为返回值。返回值的类型，由定义函数时的函数类型来决定。return 语句的格式如下：

```
return 表达式; 或 return (表达式);
```

return 后面的表达式，即为函数的返回值，表达式可以是变量、常量或表达式。如果不需要函数返回任何数据，可以指定函数的类型为 void。

例 7.4　编写函数，求两个实数 x、y 的和，并计算 x^2 和 y^2 的平均值。

程序如下：

```
# include <stdio.h>
float fadd(float a, float b)                /*函数定义*/
 {float s;
  s=a+b;
  return(s);                                /*返回计算结果：两个实数的和*/
```

```
}
int main()
 { float x,y,sum，aver;
   scanf("%f,%f",&x,&y);                        /*输入两个实数*/
   sum=fadd(x,y);                               /*函数调用*/
   aver=fadd(x*x,y*y)/2;
   printf("\n%f，%f",sum,aver);
   return 0;
}
```

该程序由两个函数组成，即主函数 main 和自定义函数 fadd。函数 fadd 有两个形参 a 和 b，它的功能是求两个实数的和，然后用 return 语句返回计算结果。main 函数的功能是输入数据、调用 fadd 函数、计算平均值、输出计算结果。

例 7.5　求 3 到 100 之间的所有素数。调用函数判断一个数是否为素数，要求：若函数的返回值是 1，表示该数是素数；若函数的返回值是 0，则表示该数不是素数。

```
#include <stdio.h>
#include <math.h>
int prime(int i)                       /*函数定义*/
{ int j,k,flag=1;
  k=sqrt(i);
  for (j=2;j<=k;j++)
    if (i%j==0)   {flag=0; break; }
return flag;
}
int main()
{ int i;
  for (i=3; i<100; i++)
    if (prime(i)==1)                   /*函数调用*/
        printf ("%4d",i) ;
  printf("\n");
return 0;
}
```

程序输出如下：

```
3 5 7 11 13 17 19 23 29 31 37 41 43 47 53 59 61 67 71 73 79 83 89 97
```

该程序由两个函数组成，即主函数 main 和自定义函数 prime，prime 函数用于判断传来的数是否为素数，它的形式参数为 i，函数的返回值为 0 或 1。

思考：若题目改成从键盘输入若干个数，输出它们中的素数，该如何修改？

7.4　函数的调用

7.4.1　函数调用的一般形式

函数调用的一般形式如下：

函数名(实参列表);

如果是调用无参函数，则实参列表可以没有，但括号不能省略。如果实参列表包含多个实参，则各参数间用逗号隔开。实参与形参的个数应相等，类型应一致。实参与形参应按顺序一一对应，实参传递数据给形参。

7.4.2 函数调用的方式

按函数在程序中出现的位置来划分，可以有如下3种函数调用方式。

(1) 函数语句。把函数调用作为一个语句，如例7.1中的function1( )的调用，这时不要求函数返回值，只要求函数完成一定的操作。

(2) 函数表达式。函数调用出现在一个表达式中，如例7.4中aver=fadd(x*x,y*y)/2，这时要求函数返回一个确定的值参加表达式的运算。

(3) 函数的参数。函数调用作为另一个函数的实参。

函数调用作为另一个函数的参数，实质上也是函数表达式形式调用的一种，因为函数的参数本来就要求是表达式。

例7.6 编程求4个整数的最大值，要求调用“求两个整数最大值”的函数来完成。

```
#include <stdio.h>
int imax(int x,int y)                          /*函数定义*/
{return (x>y?x:y); }
   int main()
{ int n1,n2,n3,n4,d;
   scanf("%d,%d,%d,%d",&n1,&n2,&n3,&n4);
   d=imax(imax(n1,n2),imax(n3,n4));            /*函数调用*/
   printf("The max=%d",d);
   return 0;
}
```

思考：若将题目中的4个整数换成1000个整数，程序该如何修改？

7.4.3 函数调用的说明

1. 函数调用的过程

函数调用的过程如下：

(1) 传递参数值。对有参函数进行调用时，计算各个实参表达式的值，为所有的形参分配内存单元，并按顺序把实参的值传递给相应的形参。

(2) 进入函数的声明部分，为函数体内声明的局部变量分配内存单元。

(3) 执行函数中的语句，实现函数的功能，当遇到return语句或最外层的“}”时，释放形参和本函数体内定义的局部变量所占用的内存空间，返回到调用它的函数。

2. 函数调用需要具备的条件

在一个函数中调用另一个函数(即被调用函数)需要具备如下条件：

(1) 首先被调用函数必须是已经存在的函数(是库函数或用户自定义的函数)。

(2) 如果调用库函数，一般还应该在文件开头用#include 命令将调用有关库函数时所需要的信息包含到文件中来。

(3) 如果使用用户自己定义的函数，而且该函数与调用它的函数在同一个文件中，一般还应该在调用它的函数中或主函数之前对被调用的函数进行声明。在 C 语言中，函数的声明称为函数原型(function prototype)，使用函数的原型是 ANSI C 的一个重要特点，它的作用是在程序的编译阶段对调用函数的合法性进行全面检查。

函数声明的一般形式如下：

```
类型标识符  被调用函数的函数名(参数类型 1, 参数类型 2, …);
类型标识符  被调用函数的函数名(参数类型 1 参数名 1, 参数类型 2  参数名 2, …);
```

上面两种函数声明的形式均可，前一种为基本形式，为了便于阅读程序，声明函数时也可以加上参数名，即后一种形式，但编译系统不检查参数名。

若被调用的函数的定义出现在调用它的函数之前或函数返回值为整型或字符型时，可以不必声明。例如，可以把例 7.4 的程序改写为如下形式：

```
# include <stdio.h>
float fadd(float a, float b);                    /*函数声明*/
int main()
  { float x,y,sum，aver;
     scanf("%f,%f",&x,&y);
     sum=fadd(x,y);                                /*函数调用*/
     aver=fadd(x*x,y*y)/2;
     printf("\n%f %f",sum,aver);
     return 0;
  }
float fadd(float a , float b)                    /*函数定义*/
  { float s;
     s=a+b;
     return(s);
  }
```

若把函数声明语句“float fadd(float a , float b);”去掉，编译时就会显示出错信息。

7.5　函数的嵌套和递归调用

7.5.1　函数的嵌套调用

在 C 语言中，函数的定义是平行的、独立的，函数间无从属关系，不允许嵌套定义，但可以嵌套调用，即在调用一个函数的过程中，被调用的函数又可以调用另一个函数。嵌套调用为结构化的程序设计提供了基本的支持。

如图 7.1 所示为函数两层嵌套的调用。其中带箭头的实线段为程序执行的方向和函数调用的流程示意，带箭头的虚线段为被调函数的返回的流程示意。

其执行过程为：首先从 main()函数开始执行程序，当遇到调用 f1 函数的语句时，转去执行函数 f1；在执行函数 f1 的过程中，当遇到调用 f2 函数的语句时，转去执行函数 f2；在执行函数 f2 的过程中，当遇到 return 语句或该函数的最外层“}”时，返回函数 f1，从调用 f2 函数语句的下一条语句继续执行 f1；在函数 f1 中，当遇到 return 语句或该函数的外层“}”时，返回到 main 函数，从调用 f1 函数语句的下一条语句继续执行；最后，遇到 main 函数的外层“}”时，程序运行结束。

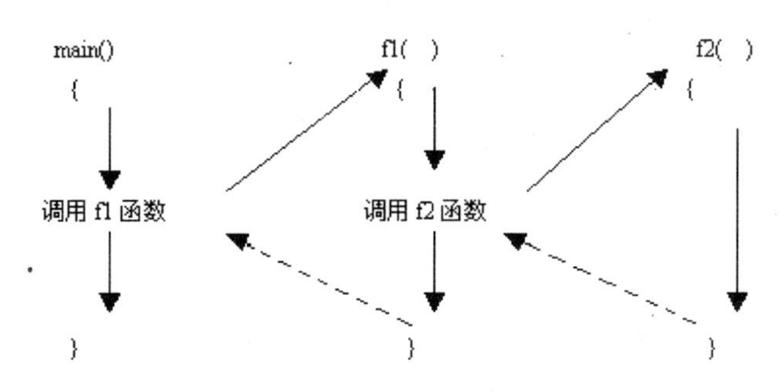

图 7.1　函数的嵌套调用

例 7.7　按公式 e≈1+1/1!+1/2!+…+1/n!，计算 e 的近似值，其中 n 的值由键盘输入。

程序代码如下：

```
#include <stdio.h>
double sum(int m);                          /*函数声明*/
long fact(int p);                           /*函数声明*/
int main()
{   int n;   float total;
    printf("\nplease input n:");
    scanf("%d",&n);
    total=sum(n);                           /*函数调用*/
    printf("\ne=%f", total);
    return 0;
}
double sum(int m)                           /*函数定义*/
{   double s=1;    int i;
    for(i=1;i<=m; i++)
        s+=1.0/fact(i);                     /*函数调用*/
    return(s);
}
long fact(int k)                            /*函数定义*/
{   long f=1;    int i;
    for(i=1;i<=k; i++)
       f*=i;
    return(f);
}
```

该程序是由主函数 main、自定义函数 sum 和 fact 构成的，其中函数 sum 用于求和运算，函数 fact 用于求阶乘运算。程序的调用过程如图 7.2 所示，其中带箭头的实线段为程序执行的方向和函数调用的流程示意，带箭头的虚线段为被调函数的返回的流程示意。

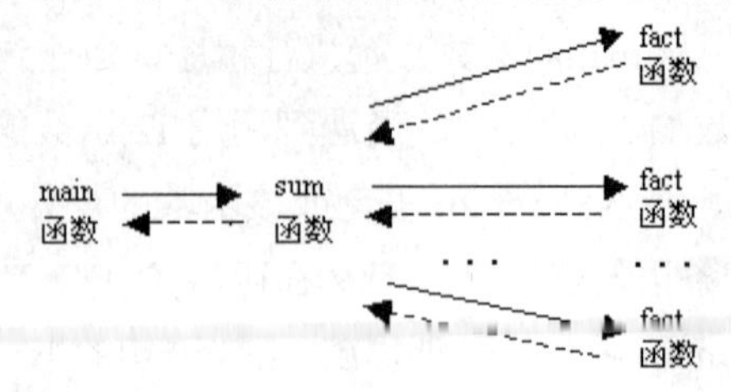

图 7.2　例 7.7 的调用过程

程序的执行过程如下：

(1) 程序从 main 函数开始运行。

(2) 遇到“total=sum(n);”语句时，转去执行 sum 函数。

(3) 将 n 的值传递给 m，开始执行函数 sum。

(4) 在函数 sum 中，i 从 1 到 m 循环执行语句“s+=1.0/fact(i);”，函数 fact 被反复调用，每次通过语句“return(f);”将函数值返回给 sum，计算 s 的值。

(5) 执行 sum 函数的后继语句，即返回到 main 函数。

(6) 执行 main 函数的剩余语句，输出 e 的近似值，直到程序结束。

7.5.2　函数的递归调用

函数的递归调用是指在调用函数过程中，直接或间接地调用函数自身。如图 7.3 所示是函数递归调用的示意图。

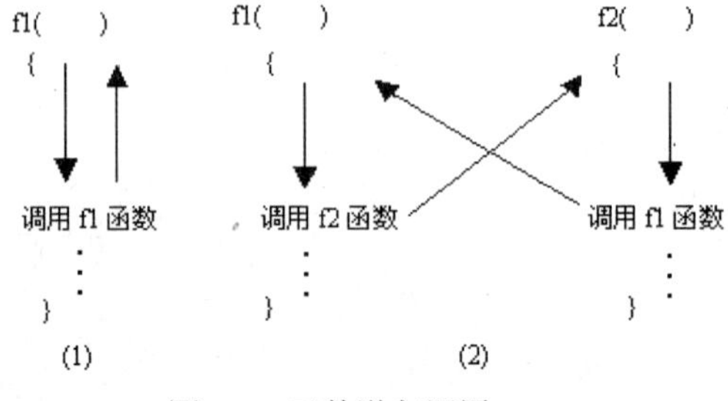

图 7.3　函数递归调用

图 7.3(1)为直接递归，图 7.3(2)为间接递归。仅从图上来看，这两种调用都是无休止的自身调用，似乎是不合理的。合理的递归调用应该是有限次的调用，当一定条件满足时，递归调用将结束。

递归算法中必须具有使函数递归调用趋于终结的条件，称为递归终结条件。

从程序设计的角度来考虑，递归算法包括递归公式和递归终结条件。

递归过程可以表示为：

```
if(递归终结条件)return(终结条件下的值);
else return(递归公式);
```

从数学的角度考虑就是构造递归函数，同样，递归函数也包括递归公式和递归终结条件(终结值)。例如，计算非负整数 n 的阶乘的递归函数如下：

$$f(n)=\begin{cases} n\times f(n-1) & n>1 \\ 1 & n=1\text{或}n=0 \end{cases}$$

在上面的函数定义中，n>1 时“f(n)=n×f(n-1)”给出的是递归公式，n=1 或 n=0 时给出的“f(n)=1”是递归的终结条件。

例 7.8　计算 n!的递归程序。

程序代码如下：

```
#include <stdio.h>
long fact(int n);                          /*函数声明*/
int main()
{ int n;
   printf("\nplease enter n:");
   scanf("%d",&n);
   printf("\n n!=%ld",fact(n));         /*函数调用*/
   return 0;
}
   long fact(int n)                         /*函数定义*/
{if (n==1||n==0) return(1);           /*若是终结条件，返回终结条件下的值*/
   else return(n*fact(n-1));           /*若非终结条件，递归调用函数自身*/
}
```

运行该程序，如果输入 3，则程序的运行过程如图 7.4 所示，其运行分为两个过程。

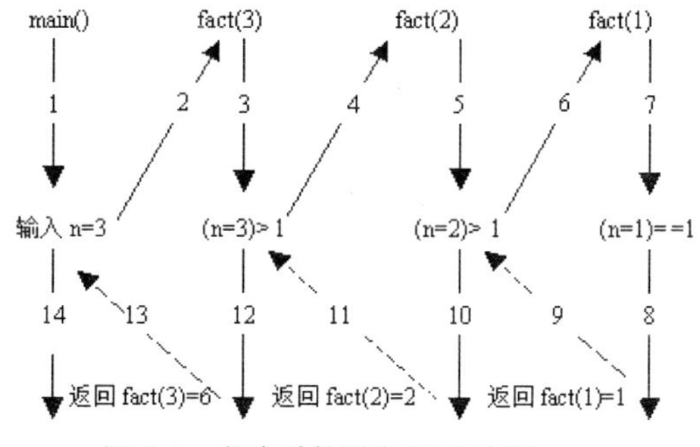

图 7.4　求阶乘的递归调用过程

(1) 调用过程：不断调用递归函数，直至最终达到递归终结条件。

(2) 返回过程：由终结递归条件返回开始，沿调用过程的逆过程，逐一求值返回，直至函数的最初调用结束。

例 7.9　Fibonacci 数列的递归函数形式如下，采用递归调用方法计算数列的前 20 项。

$$f(n)=\begin{cases} 1 & n=1\text{或者}n=2 \\ f(n-1)+f(n-2) & n>2 \end{cases}$$

程序代码如下：

```
#include <stdio.h>
long fib(int n);                                /*函数声明*/
int main ( )
      {int   i ;
```

```
for (i=1; i<=20; i++)
{printf ("%10ld", fib(i)) ;                    /*函数调用*/
if ( i%5==0 )     printf("\n");
}
   return 0;
}
long fib(int n)                                 /*函数定义*/
  {if ((n==1)||(n==2)) return 1;
   else return (fib(n-1)+fib(n-2));
}
```

思考：若用非递归方法，程序该如何编写？请对这两种算法进行对比分析。

例 7.10　汉诺塔(Hanoi)问题是一个古典数学问题。古代一个梵塔内有 A、B、C 三个座，A 座上有 64 个中间带孔的盘子，盘子大小不同，大的在下，小的在上。想将这 64 个盘子从 A 座移到 C 座，每次只允许移动一个盘子，移动过程中保持大盘在下、小盘在上。移动过程可以利用 B 座。如图 7.5 所示是此问题的示意图。请编程打印移动步骤。

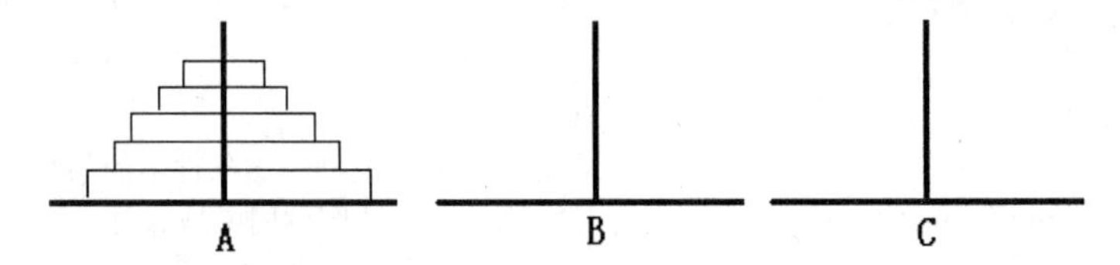

图 7.5　汉诺塔(Hanoi)问题示意图

分析：将 n 个盘子从 A 座移到 C 座可分解为如下 3 个步骤：

(1) 将 A 座上 n-1 个盘子移到 B 座(移动时可利用 C 座)；

(2) 将 A 座上剩下的一个盘子移到 C 座；

(3) 将 B 座上 n-1 个盘子移到 C 座(移动时可利用 A 座)

上面的步骤包含两类操作：

(1) 将 n-1 个盘从一个座移到另一个座上(n>1)；

(2) 将 1 个盘从一个座移到另一个座上。

可以编写两个函数分别实现上面的两类操作，用 hanoi 函数实现第 1 类操作，用 move 函数实现第 2 类操作。完整的程序代码如下：

```
#include <stdio.h>
void move(char x,char y)
   {printf("%c-->%c\n",x,y);
   }
void hanoi(int n,char one,char two,char three)
{ if   (n==1)   move(one,three);
     else    {hanoi(n-1,one,three,two);
               move(one,three);
               hanoi(n-1,two,one,three);
               }
}
main()
{int m;   scanf("%d",&m);
```

```
    hanoi(m, 'A', 'B', 'C');
}
```

运行上面的程序，若输入3(意即3个盘子)，则程序输出结果如下：

```
A-->C
A-->B
C-->B
A-->C
B-->A
B-->C
A-->C
```

用递归的方法解决问题的优点是：给出了求解问题的过程，比较直观，程序的可读性较好。缺点是：效率较低，往往要消耗大量的内存资源和大量的机器时间。

7.6 数组作为函数的参数

数组元素同单个变量一样，也可作为函数的实参。数组元素作为函数的实参，其用法与一般变量相同，但要求函数的相应形参与数组元素类型一致。

数组名既可以作为函数的实参也可以作为函数的形参。当用数组名作为函数的参数时，函数的实参与形参都应该用数组名，且实参数组与形参数组的类型必须严格一致。

例7.11 编写程序，将一维数组中的每个元素的值加3，并显示出来。

程序代码如下：

```
#include <stdio.h>
void add(int b[],int n);                    /*函数声明*/
int main()
{int i,a[ ]={0,1,2,3,4,5,6,7,8,9};
for(i=0;i<10;i++) printf("%3d",a[i]);
add(a,10);                                  /*函数调用*/
 for(i=0;i<10;i++) printf("%3d",a[i]);
 return 0;
}
void add(int b[],int n)                     /*函数定义*/
{ int i;
  for(i=0;i<n;i++)   b[i]+=3;
  return;
}
```

程序的运行结果如下:

```
0  1  2  3  4  5  6  7  8  9
3  4  5  6  7  8  9 10 11 12
```

程序说明：

(1) 用数组名作函数参数，要求实参数组与形参数组类型应一致，如果不一致，结果将出错。如上面程序中的 a、b 都为整型数组。

(2) 形参数组可以不指定大小，在定义数组时在数组名后面跟一个空的方括号即可。如上面函数 add 中的形参数组 b 就未指定大小。

(3) 数组名作函数参数时，是把实参数组的起始地址传给形参数组，这样，两个数组就共同占用一段存储单元。如图 7.6 所示是调用函数 add 时的示意图。

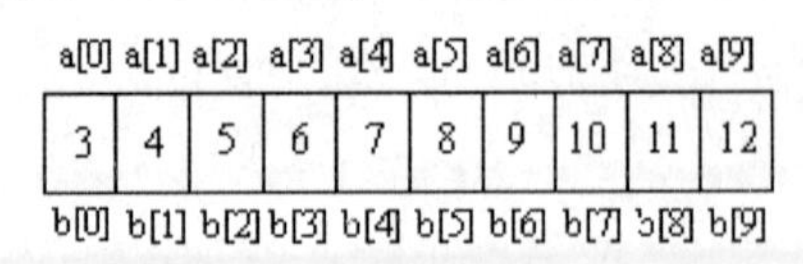

图 7.6　实参数组和形参数组共同占用一段存储单元

可以看出，由于两个数组起始地址相同，占用同一段内存单元，所以，当形参数组中各元素的值发生变化时，实参数组元素的值也发生相同的变化。

例 7.12　输入 N 个学生的成绩，存入一个一维数组中，统计低于平均成绩的学生人数。

程序代码如下：

```
#include <stdio.h>
#define N 10
float average(float a[],int n);                    /*函数声明*/
int main()
  {float score[N],aver;
    int i,num=0;
    printf("input scores:\n");
    for(i=0;i<N;i++)    scanf("%f",&score[i]);
printf("\n");
aver=average(score,N);                             /*函数调用*/
printf("average=%f\n",aver);
    for(i=0;i<N;i++)
      {if (score[i]<aver)      num++;    }
printf("less than average: %d",num);
return 0;
  }
float average(float a[],int n)                     /*函数定义*/
{int i;
  float aver ,sum=a[0];
  for(i=1;i<n;i++)      sum=sum+a[i];
  aver=sum/n;
  return(aver);
}
```

程序的运行结果如下：

```
input    scores:
100   56   78   98.5   87   99   67.5   75   97   77↙
average=83.500000
less than average: 5
```

7.7　局部变量和全局变量

变量是程序运行过程中其值可以改变的量。编译系统为变量分配内存单元，用来存放程序运行过程中的输入数据、中间结果和最终结果等。每个变量都需要定义它的数据类型，数据类型用来说明变量在内存中所占的字节数，以及变量的运算规则。

每个变量都有其属性，变量的属性包含两个方面的内容，即变量的作用域和变量的存储类别。

- 变量的作用域是指变量的合法使用范围，变量只能在其作用域内被使用。
- 变量的存储类别是指变量在内存中的存储位置，变量的存储类别决定着变量的生存期，变量的生存期是变量在内存或寄存器中存在的时间段。

变量从作用域来划分可分为局部变量和全局变量。

7.7.1　局部变量

在一个函数内部定义的变量是内部变量，也称为“局部变量”。

局部变量的作用域是定义该变量的函数或复合语句的内部，在该作用域之外，局部变量是不可见的，换言之，在函数或复合语句内定义的局部变量不能被其他的函数或复合语句所引用。

局部变量的生存期是从该变量被定义到函数的结束或复合语句的结束这段时间。

局部变量包括自动类型变量、寄存器类型变量和内部静态类别变量。另外，函数的形参也属于局部变量，因为函数形参的作用范围只在该函数体内。

使用局部变量有助于实现信息隐蔽，即使不同的函数定义了同名的局部变量，也不会相互影响。

7.7.2　全局变量

在函数以外的任意位置定义的变量称为外部变量，也称为全局变量。

全局变量的作用域是指从定义它的位置开始，直至它所在的源程序文件结束。如果不在作用范围内，想使用该全局变量，可以在段内利用声明的方式拓展变量的作用范围。

全局变量的使用增加了函数之间传递数据的途径，在全局变量作用域内的任何函数都能引用该全局变量，一个函数对全局变量的修改，能够影响到其他引用这个变量的函数，因此，对全局变量的使用不当，会产生意外的错误。

全局变量的使用会使得函数的通用性降低，从结构化程序设计的角度来看，函数应该是完成单一功能的程序段，过多使用全局变量，会使函数之间的依赖性增加，增强函数的耦合性。一般情况下，除非性能的特别要求，建议避免使用全局变量。

全局变量与局部变量同名时，在局部变量的作用域内，该局部变量有效，同名的全局变量被屏蔽。

例 7.13　分析下面程序的运行结果。

```
   #include <stdio.h>
int a=0;    float b;                   /*定义全局变量 a,b*/
float func(int s[ ],int n);            /*函数声明*/
int main()
{ int k; int x[10];                    /*定义局部变量*/
   for (k=0;k<10;k++)
       scanf("%d",&x[k]);
   b=func(x,10);
   for (k=0;k<10;k++)
     if (x[k]>b) a++;
   printf("\n %d",a);                  /*输出全局变量 a 的值*/
   return 0;
}
float func(int s[ ],int n)
{int   k,a=0; float b;                 /*定义局部变量 k,a,b*/
 for(k=0;k<n;k++)      a=a+s[k];
 printf("\n%d",a);                     /*输出局部变量 a 的值*/
 b=(float)a/n;
   return(b);
}
```

在程序的开始定义了 2 个全局变量 a 和 b，这 2 个变量的作用域为整个源程序。在函数 func 内定义了 2 个局部变量 a 和 b，该局部变量与全局变量同名，因些，局部变量在函数 func 内部有效，而全局变量在此函数内被屏蔽了，不起作用。

程序从 main 函数开始执行，调用函数 func，在该函数内完成计算数组各元素值总和的任务，将总和存储在局部变量 a 中，输出局部变量 a 的值，然后计算数组各元素值的平均值赋给局部变量 b，然后返回 b 的值，结束函数 func 的运行，释放局部变量 k、a 和 b；然后回到 main 函数，利用 for 循环统计数组中大于平均值的元素个数，将该个数存储在全局变量 a 中，最后输出全局变量 a 的值。

7.8　变量的存储类别

7.8.1　变量的存储类别

把变量分为全局变量和局部变量是从变量的作用域的角度对变量进行划分的。也可以从变量值存在的时间(即生存期)的角度来划分变量，把变量分为静态存储变量和动态存储变量两种。

所谓静态存储变量是指在程序运行期间分配固定的存储空间的变量；而动态存储变量则是在程序运行期间根据需要进行动态的分配存储空间的变量。

C 程序运行时占用的内存空间分为 3 部分：即程序区、静态存储区和动态存储区，如图 7.7 所示。

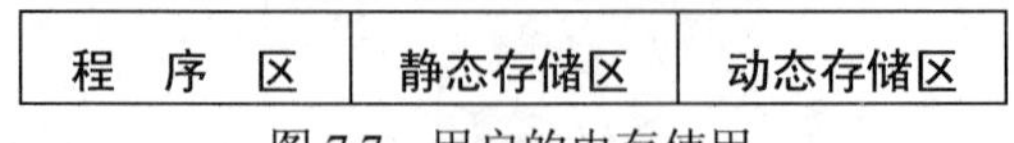

图 7.7　用户的内存使用

程序运行期间的数据分别存放在静态存储区和动态存储区中。

静态存储区用来存放程序运行期间所需占用固定存储单元的变量，如全局变量和静态类别的内存变量。

动态存储区用来存放不需要长期占用内存单元的那些变量，当程序运行进入定义它的函数或复合语句时才分配动态存储空间，当离开函数或复合语句时便释放所占用的内存空间。在程序执行过程中，这种分配和释放是动态的，如果在一个程序中两次调用同一函数，那么，分配给此函数中局部变量的存储空间地址可能是不相同的。动态类别的变量分为两种，即自动类型变量和寄存器变量，分别用说明符 auto 和 register 来定义和声明。

7.8.2　内部变量的存储

内部变量的存储类别是指它在内存中的存储方式，内部变量可存放于内存的动态存储区、寄存器或内存的静态存储区中。

1. 自动存储类型变量

自动存储类型变量的存储单元被分配在内存的动态存储区中。自动存储类型变量的声明形式如下：

```
auto 类型  变量名;
```

在函数内部，自动存储类型是系统默认的类型，因此，如下两种定义变量的方式是等效的：

```
int a ;
auto int a;
```

函数内不作特别声明的变量、函数的形参都是在进入函数或复合语句时才被分配内存单元的，在该函数或复合语句运行期间一直存在，在函数或复合语句运行结束时自动释放这些内存单元。自动存储类型变量的作用域和生存期是一致的，在其生存期内都是有效的、可见的。

函数内部的自动存储类型变量在每次函数被调用时，系统都会在内存的动态存储区为它们重新分配内存单元，随着函数的频繁调用，某个变量的存储位置随着程序的运行是不断变化的。

2. 寄存器存储类型变量

寄存器存储类型变量的存储单元被分配在寄存器中。寄存器存储类型变量的声明形式如下：

```
register 类型  变量名;
```

例如：

```
register int i;
```

寄存器存储类型变量的作用域、生存期与自动存储类型变量相同。因为寄存器的存取速度比内存的存取速度快得多，通常将频繁使用的变量放在寄存器中(如循环体中涉及到的内部变量)，以提高程序的执行速度。

计算机中寄存器的个数是有限的，寄存器的数据位数也是有限的，所以，定义寄存器存储类型变量的个数不能太多，并且只有整型变量和字符型变量可以定义为寄存器存储类型变量。

通常，寄存器存储类型变量的定义是不必要的，如今优化的编译系统能够识别频繁使用的变量，并能够在不需要编程人员作出寄存器存储类型声明的情况下，就把这些变量存放在寄存器中。

3. 静态存储类型变量

静态存储类型变量的存储单元被分配在内存空间的静态存储区中。静态存储类型变量的声明形式如下：

```
static   类型   变量名;
```

静态存储类型变量在编译时被分配内存、赋初值，并且只被赋初值一次，对未赋值的静态存储类型变量，系统自动给其赋值为 0(或‘\0’)。在整个程序运行期间，静态存储类型变量在内存的静态存储区占用固定的内存单元，即使它所在的函数调用结束，也不释放存储单元，其值也会继续保留，因此，下次再调用该函数时，静态存储类型变量仍然使用原来的存储单元，仍使用原来存储单元中的值。可以利用静态存储类型变量的这个特点，编写需要在被调用结束后仍保存内部变量值的函数。

用静态存储类型定义的内部变量的作用域仍然是定义该变量的函数或复合语句内部。虽然静态存储类型变量在整个程序运行期间都是存在的，但是在它的作用域外，它是不可见的，即不能被其他函数引用。

例 7.14　分析下列程序的运行结果。

```
#include <stdio.h>
int sum(int x);                        /*函数声明*/
int main()
{int i,k;
  for(i=1;i<=10;i++) k=sum(i);
  printf("\n1+2+ … +%2d = %2d",i-1,k);
  return 0;
}
int sum(int x)
{ static int   s=0;                    /*定义静态存储类型内部变量*/
   s=s+x;
   return s;
}
```

程序从 main 函数开始运行。sum 函数中的静态存储类型变量 s 在静态区被分配存储单元，并初始化为 0。main 函数调用了 sum 函数 10 次，第一次为“k=sum(1);”，s 是静态存储类型内部变量，初始化为0，执行“s=s+x；”，s内保存的是1；第二次为“k=sum(2)；”，s不再初始化，执行“s=s+x；”，s内保存的是3(1＋2)；第三次为“k=sum(3)；”，执行“s=s+x；”，s内保存的是6(3＋3)，……

程序的运行结果输出如下：

```
1＋2+ … +10=55
```

7.8.3　外部变量的存储

1．外部变量的定义

外部变量只能存放在内存的静态存储区中。外部变量的生存期是整个程序的运行期。对于外部变量的作用域是局限于定义它的程序文件之中；使用extern声明后，该类变量可被程序的其他文件所引用。外部变量又分为程序级外部变量和文件级外部变量。程序级外部变量又称为外部存储类型的外部变量，文件级外部变量又称为静态存储类型的外部变量。

(1) 程序级外部变量

程序级外部变量是在函数外定义的变量，定义时不加任何存储类型的声明。程序级外部变量的作用域是整个程序，只需用特定的声明，它就可以被所在程序的其他程序文件所使用。

(2) 文件级外部变量

文件级外部变量也是在函数外定义的变量，定义时需要用说明符static进行声明。文件级外部变量的作用域是它所在的程序文件。虽然它在程序的运行期间一直存在，但它不能被其他程序文件所使用。用static声明的外部变量能够限制它的作用域的扩展，达到信息隐蔽的目的。

2．外部变量的声明

对于外部变量，定义和声明的含义是不同的。外部变量的定义是在函数的外部，它的使用却是在函数的内部，外部变量应该在使用前先声明。外部变量的定义只有一次，但声明可以有多次。在C语言中，采用extern说明符来声明外部变量，对外部变量的声明可以在函数的内部，也可以在函数的外部。外部变量声明的一般形式如下：

```
extern 类型　变量名;
```

例如：

```
extern int a;
```

在外部变量的作用域内(即从定义位置开始到文件的结束)，可以省略对外部变量的声明，直接使用。但是，在下面两种情况下，必须通过声明来扩展外部变量的作用域：

(1) 在同一个程序文件中，定义在后、使用在前的外部变量，在使用前需要对其进行声明。例如：

```
# include <stdio.h>
int main()
{ int x;
extern int y;       /*外部变量声明*/
x=y*y;
printf("%d",x);
return 0;
}
int y=3;
```

(2) 在由多文件组成的程序中使用外部变量。如果某个程序由多个文件组成，多个文件要用到同一个外部变量，这时可以在某个文件中定义该变量，而在其他文件中用 extern 对该外部变量进行声明。如例 7.15 所示。

例 7.15　分析下列程序的运行结果。

```
/*file1.c*/
# include <stdio.h>
int x=0;
int main()
  { func( );
     printf("\nx=%d",x);
     return 0;
  }
/*file2.c*/
extern int x;          /*外部变量声明*/
int func( )
  { x+=3; }
```

该程序由两个程序文件 filel.c 和 file2.c 组成，在 file1.c 中定义了外部整型变量 x，在 file2.c 中对 file1.c 中定义的外部整型变量进行了声明。程序运行中调用 file2.c 中的函数 func，调用时把 x 的值增加 3。

该程序的运行结果如下：

```
x=3
```

7.9　内部函数和外部函数

一个 C 程序可以包含多个函数，这些函数又可分布在多个程序文件中。函数的定义是独立的，而函数之间存在着调用关系。函数可以被它所在程序中的其他函数所调用，也可以指定不能被其他程序文件中的函数调用。根据函数能否被其他源文件中的函数调用，可以将函数分为两类：内部函数和外部函数。

7.9.1　内部函数

内部函数是只能被本程序文件中的函数所调用的函数，其他程序文件的函数不能调用该函数，内部函数也称为静态函数。内部函数的定义格式如下：

```
static 数据类型　函数名(形式参数表列)
{
  说明部分;
  语句部分;
}
```

7.9.2　外部函数

外部函数是可以被程序中的其他程序文件所调用的函数。定义格式如下：

```
[extern] 数据类型　函数名(形式参数表列)
{
说明部分;
语句部分;
}
```

外部函数是 C 语言默认的函数类型，如果省略 extern，则系统默认为外部函数，可以被其他程序文件中的函数所调用。

例 7.16　分析下列程序的运行结果。

```
/*file1.c*/
#include <stdio.h>
int main( )
 {extern char get_ch();          /*外部函数声明*/
  printf("%c",get_ch());
  return 0;
 }
/*file2.c*/
char get_ch()
 {char ch;
  ch=getchar();
  if ('a'<=ch && ch<='z')
       ch=ch-32;
  return(ch);
 }
```

该程序由两个程序文件 file1.c 和 file2.c 组成，file2.c 中定义的函数 get_ch 是一个外部函数。file1.c 中定义了 main 函数，并对 file2.c 中定义的函数进行了声明。

运行该程序：

```
若输入: a
输出为: A
```

注意：如果要调用其他程序文件中定义的函数，必须先对其进行声明，其声明格式如下：

```
extern 外部函数原型;
```

对于存储类型为 static 类型的函数，只能被其所在的程序文件中的函数调用，其他程序文件中则不能调用它。如果在其他程序文件中声明或调用已定义为 static 存储类型的函数就会发生错误。使用内部函数，可以限定函数的作用域，即使在不同的程序文件中使用同名的内部函数，也不会相互干扰。内部函数的这个特点便于不同的用户分别编写不同的函数，而不用考虑重名问题。

7.10　程序设计举例

例 7.17　编写一个帮助小学生练习两位整数加法或减法的程序。由计算机随机自动出题显示在屏幕上，小学生从键盘输入答案，计算机根据输入的答案显示“回答正确”或“回答错误”。可以自由选择练习加法或练习减法或结束练习。练习题的数量不加限制。

```
#include <stdio.h>
int numb()            /*随机产生正整数函数(两位数)*/
    {int n;
     mark1: n=rand();/*rand()值是 0 到 32767 之间的随机整数*/
     if (n>=100 || n<10)    goto mark1;
     return n;
     }
void add()            /*练习加法函数*/
{int a,b,c,x=1;
   while(x==1)
    {a=numb(); b=numb();
     printf("%d+%d=",a,b);
     scanf("%d",&c);
     if (a+b==c)   printf("回答正确！ \n");
     else   printf("回答错误！ \n");
     printf("若想停止练习加法请输入 0，   否则请输入 1。\n");
     scanf("%d",&x);
    }
   return;
 }
void sub()            /*练习减法函数*/
{int a,b,c,x=1;
  while(x==1)
   {mark2:a=numb(); b=numb();
    if (a<b) goto mark2;
    printf("%d-%d=",a,b);
    scanf("%d",&c);
    if (a-b==c)   printf("回答正确！ \n");
    else   printf("回答错误！ \n");
    printf("若想停止练习减法请输入 0，   否则请输入 1。\n");
    scanf("%d",&x);
   }
  return;
}
main()
{int d;
  srand(time(NULL));              /*设置随机数种子为当前时间*/
```

```
while (1)
 {printf("------------小学生两位数加、减法练习软件-----------\n");
  printf("-------------------1、练习两位数加法--------------\n");
  printf("-------------------2、练习两位数减法--------------\n");
  printf("-------------------3、结束练习------------    -----\n");
  printf("---请输入 1 或 2 或 3---:");
  scanf("%d",&d);
  if (d==1)   add();
  else if (d==2)   sub();
  else if (d==3)
      {printf("------本次练习结束了,再见!------- \n");
       break;
      }
  else printf("------输入错误!请重新输入！ ----- \n");
 }
}
```

程序由主函数 main 以及自定义函数 add、sub、numb 组成，add 函数实现加法练习，sub 函数实现减法练习，numb 函数随机产生一个两位数。main 调用了 add 函数或 sub 函数，add 函数和 sub 函数分别调用了 numb 函数。

思考：当某个练习题回答错误时，若允许重新回答，程序应该如何修改？

例 7.18　某个班级有若干名学生，请编写程序完成下面的任务：

(1) 输入每个学生的姓名、某一门课程的平时成绩、期中成绩和期末成绩。

(2) 计算并输出总评成绩(总评成绩=平时成绩*0.1+期中成绩*0.3+期末成绩*0.6)。

(3) 根据总评成绩对学生分类统计，即统计总评成绩≥90 的人数、总评成绩≥80 且<90 的人数、总评成绩≥70 且<80 的人数、总评成绩≥60 且<70 的人数、总评成绩<60 的人数。

(4) 根据输入的学生姓名，查找并打印该学生的各项成绩。

程序代码如下：

```
#include <stdio.h>
#define SIZE 100                    /*不妨设班级学生数少于 100*/
void inputdata();                        /*函数声明*/
void calculdata();                       /*函数声明*/
void statisdata();                       /*函数声明*/
void querydata ();                       /*函数声明*/
float score[SIZE][4]; /* score 存储每个学生平时、期中、期末和总评成绩*/
char name[SIZE][15]; /* name 存储每个学生姓名*/
int sum;                /* sum 存储实际学生人数*/
int main()
{ int choo;
printf("请输入实际学生人数:");
scanf("%d", &sum);
while(1)
   { printf("请选择下面的某一项任务:");
printf("\n(1)输入每个学生的姓名、平时成绩、期中成绩、期末成绩。");
printf("\n(2)计算并输出每个学生的总评成绩。");
printf("\n(3)根据总评成绩对学生分类统计，输出各分数段的学生数。");
```

```
printf("\n(4)根据输入的学生姓名，查找并打印该学生的各项成绩。");
printf("\n(5)结束程序运行。");
printf("\n 请输入你的选择(1 或 2 或 3 或 4 或 5):");
scanf("%d", &choo);
if (choo==5)break;
switch(choo)
    {case  1 :  inputdata(); break; /*调用输入学生姓名成绩函数*/
case  2 :  calculdata(); break; /*调用计算总评成绩函数*/
case  3 :  statisdata(); break; /*调用统计各分数段人数函数*/
case  4 :  querydata(); break;   /*调用根据姓名查找函数*/
}
}
printf("\n 程序运行结束，再见。");
return 0;
}
void inputdata() /*输入学生姓名成绩函数*/
{ int i;
for(i=0;i<sum;i++)
    {printf("\n 请输入学生的姓名:");
gets(name[i]);
printf("请顺序输入学生平时、期中、期末成绩(例如 98,85,96):");
scanf("%f,%f,%f",&score[i][0], &score[i][1],&score[i][2]);
}
return;
}
void calculdata() /*计算总评成绩函数*/
{ int i;
for(i=0;i<sum;i++)
score[i][3]= 0.1*score[i][0]+ 0.3*score[i][1]+ 0.6*score[i][2]
printf("\n 每个学生总评成绩如下:\n");
for(i=0;i<sum;i++)
printf("%s:%f\n",name[i],score[i][3]);
return;
}
void statisdata() /*统计各分数段人数函数*/
  { int i,d, grade[5]={0};   /* grade 存储分类统计结果(各分数段人数)*/
  for (i=0;i<sum;i++)
     { d=(int)(score[i][3]/10);
switch(d)
   { case  10 :
case  9 :  grade[4]=grade[4]+1;break;
case  8 :  grade[3]=grade[3]+1;break;
case  7 :  grade[2]=grade[2]+1;break;
case  6 :  grade[1]=grade[1]+1;break;
default  :  grade[0]=grade[0]+1;
  }
}
printf("\n 总评成绩≥90 的人数是:%d", grade[4] );
printf("\n 总评成绩≥80 且<90 的人数是:%d", grade[3] =;
printf("\n 总评成绩≥70 且<80 的人数是:%d", grade[2] =;
printf("\n 总评成绩≥60 且<70 的人数是:%d", grade[1] =;
printf("\n 总评成绩<60 的人数是:%d", grade[0] );
```

```
return;
}
void querydata() /*根据姓名查找函数*/
{ char lookname[20];   int i;
printf("\n 请输入姓名:");
gets(lookname);
for(i=0;i<sum;i++)     /*根据输入的姓名，查找并打印该学生各项成绩*/
if (strcmp(name[i],lookname)==0)
{ puts(name[i]);
printf("平时成绩%f, 期中成绩%f, 期末成绩%f,总评成绩%f\n",
score[i][0],score[i][1], score[i][2],score[i][3] );
}
if (i==sum)   printf("没有找到!\n");
   return;
}
```

本程序由主函数 main 和多个自定义函数组成。其中 inputdata 函数的功能是用来输入学生的姓名、课程的平时成绩、期中成绩、期末成绩；calculdata 函数的功能是计算并输出每个学生的总评成绩；statisdata 函数的功能是根据总评成绩对学生进行分类统计，输出各分数段的学生数；querydata 函数的功能是按输入的姓名查找学生，打印该姓名的学生的各项成绩。

程序将存储所有学生成绩的数组 score 和存储所有学生姓名的数组 name 以及存储学生人数的变量 sum 定义为全局变量，这样，在程序的各个函数中都可以直接使用这些数组和变量，操作起来非常方便。

思考：如果既可以根据输入的姓名进行查找，又可以根据输入的期中成绩进行查找，也可以根据输入的期末成绩进行查找，那么应该如何编写程序的查找部分。

7.11　习　题

一、阅读程序，写出运行结果

1. 以下程序中，swap 函数用于交换两个参数的值，两个参数的值通过参数传递从 main 函数传给 swap 函数。

```
#include <stdio.h>
void   swap(int x, int y)
          { int t ;  t=x ;   x=y ;   y=t ;   }
        int main()
        { int a[2];   scanf("%d,%d",&a[0],&a[1]);
           swap(a[0],a[1]);
           printf("%d，%d\n",a[0],a[1]);
   return 0;
}
```

输入 3 和 5，请问以上程序能够交换 a 数组中两个元素的值(即输出 5 和 3)吗？如果不能请说明原因。

2. 写出程序的运行结果。

```
#include <stdio.h>
 try(void)
   {static int x=3;    x++;    return(x);    }
int main( )
{ int i,y;
   for(i=0;i<=2;i++) y=try();
   printf("%d\n",y);
   return 0;
}
```

3. 写出程序的运行结果。

```
#include <stdio.h>
int d=1;
fun(int p)
         { int d=5; d+=p++; pirntf("%5d",d);    }
int main( )
       { int a=3; fun(a);    d+=a++;
     printf("%5d",d);
     return 0;
}
```

4. 写出程序的运行结果。

```
main()
      { char line[]="How do you do!\t hello";/*两个单词间有一个空格*/
int total;    total=tw(line);
printf("%d\n",total);
}
   int tw(char line[])
{ int k=0,cnt=0,;
while(line[k]!='\0')
            if (line[k]==32 || line[k]=='\t')    cnt++;
      return(cnt);                              /*空格的 ASCII 码是 32*/
      }
```

5. 如下源程序由两个文件组成，阅读程序，并回答后面的问题。

```
/*文件 1*/
#include <stdio.h>
static int x=2; int y=3;
extern void add2();
void add1();
int main( )
{add1();    add2();    add1();    add2();
      printf("x=%d; y=%d\n",x,y); return 0;
}
void add1(void)
{x+=2; y+=2;    printf("in add1 x=%d    y=%d\n",x,y); }
/*文件 2*/
```

```
static int x=10;
void add2(void)
    { extern int y;   x+=10;     y+=2;
printf("in add2 x=%d    y=%d\n",x,y);
  }
```

(1) 请指出程序中各个变量的存储类别，并分别指出它们的作用域范围；

(2) 分析程序中各个函数声明的用途；

(3) 写出程序的输出结果。

二、编写程序

1. 编写一个函数，用冒泡排序法将给定的无序数组进行从大到小排序，要求参与排序的元素的个数由主函数通过参数传递。

2. 编写一个函数，用选择排序法将给定的无序数组进行从小到大排序，要求参与排序的元素的个数由主函数通过参数传递。

3. 分别编写一个递归和非递归的求阶乘的函数。

4. 编写一个函数，判定给定的数是否是素数，如果是则返回 1，否则返回 0。

5. 编写一个函数，将一个 4 位数的各位数字分解出来，并在函数中按由低位到高位的顺序输出各位数字，输出时各数字之间空 2 个空格。如：1234，分解后输出：4　3　2　1。

6. 编写一个函数 delete_char(char str[ ],char ch)，其功能是从字符串 str 中删除所有由 ch 指定的字符。

7. 编写一个函数，用梯形法计算一元多项式 $f(x)=1+x^2$ 在区间(1,2)上的定积分。

8. 编写一个函数，求解如下问题：如果一头小母牛，从出生起第四个年头开始每年生一头母牛，不考虑其他因素，按此规律，第 n 年时有多少头母牛。

第8章　预处理命令

编译预处理是指一些行首以#开头的特殊语句，必须在对程序进行通常的编译之前，先对程序中这些特殊的命令进行“预处理”，即根据预处理命令对程序作相应的处理(例如，若程序中用#define 命令定义了一个符号常量 A，则在预处理时将程序中所有的 A 都置换为指定的字符串)。经过预处理后程序不再包括预处理命令了，最后再由编译程序对预处理后的源程序进行通常的编译处理，得到可供执行的目标代码。C 语言与其他高级语言的一个重要区别就是可以使用预处理命令和具有预处理的功能。

C 提供的预处理功能主要有以下 3 种：宏定义、文件包含和条件编译。它们分别用宏定义命令、文件包含命令和条件编译命令来实现。为了与一般的 C 语句相区别，这些命令都以符号“＃”开头。

8.1　宏 定 义

宏定义指的是用# define 定义的命令行，有不带参数和带参数两种形式。

8.1.1　不带参数的宏定义

不带参数的宏定义的一般形式如下：

```
#define   标识符   字符串
```

其含义是用指定的宏名(即标识符)来代表其后的字符串。

例如：

```
#define   SIZE   10000
#define   PI   3.1415926
#define   FORMAT "%d, %d, %d\n"
```

作用是用标识符 SIZE 来代替字符串“10000”，用标识符 PI 来代替字符串“3.1415926”，用标识符 FORMAT 来代替字符串“%d，%d，%d\n”。在编译预处理时，将程序中在该命令以后出现的所有的 SIZE 用 10000 代替、PI 用 3.1415926 代替、FORMAT 用“%d，%d，%d\n”代替。这种方法使用户能够以一个简单的名字代替一个长的字符串，可以减小重复编程工作量，而且不容易出错。

把定义时所用的标识符称为“宏名”，即 SIZE、PI 和 FORMAT 都是宏名。在预编译时将宏名替换成字符串的过程称为“宏展开”。

注意：宏名通常用大写字母表示。定义宏与定义变量的含义不同，宏定义只是作字符替换，并不给宏名分配内存空间。

例 8.1　使用宏来计算若干个数组元素的和。

```
#include <stdio.h>
#define   SIZE   100
int main()
   {int i,sum=0, data[SIZE];
    for(i=0;i<SIZE;i++)
      {scanf("%d", &data[i]);
       sum=sum+data[i];
      }
    printf("sum=%d\n",sum);
    return 0;
  }
```

运行此程序可计算 100 个数组元素值的总和。

说明：

(1) 定义宏的目的是提高程序的可读性和通用性，便于程序的修改。例如，若要把例 8.1 中数组 data 的元素个数改为 200，则只要将“# define SIZE 100”改为“# define SIZE 200”即可，程序中的其他语句均不用修改。

(2) 不要在宏定义的行末加分号，因为宏定义不是 C 语句，加分号后，会将分号也作为字符串的组成部分，宏展开后可能出现错误。

(3) 宏定义可以出现在程序的任何位置，一般位于文件开头，写在函数的外面。宏名的有效范围是从定义处到本文件结束。可以用#undef 命令终止宏定义的作用域。例如：

```
#define   PI   3.1415926
int main()
{
 …
#undef   PI
 …
}
```

由于#undef 的作用，使得 PI 的作用范围在#undef 行处终止。如果在#undef PI 之后再出现 PI，则是无效的。

(4) 宏定义是用宏名代替一个字符串，凡在宏定义有效范围内的宏名都用该字符串代替，但要注意：双引号内的与宏名相同的字符串不认为是宏名，不进行替换。

例如：

```
# define   YES   1
…
printf("YES");
```

程序将显示 YES，而不是 1。

(5) 可以引用前面已经定义的宏名来定义新的宏，例如：

```
 # define   I1   30
```

```
#define  I2  60
#define  J   I1+I2
#define  K   J*2+J/2+I2
```

这里，J 引用了 I1 和 I2，K 引用了 J 和 I2。注意，K 展开是：30+60*2+30+60/2+60，不要以为是：(30+60)*2+(30+60)/2+60。除非前面的定义是：#define J (I1+I2)。

8.1.2 带参数的宏定义

带参数的宏定义的一般形式如下：

```
#define 标识符(形参表)   字符串
```

带参数的宏展开时，需要进行参数替换。宏定义中形参表中的形参，在程序中将用实参替换。例如：

```
#define  PI    3.14159
#define  V(r)    4*PI*r*r*r/3
```

V(r)为带参数的宏，例如，在程序中使用 V(6)时，是用 6 代替宏定义中的形式参数 r，V(6)展开为：4*3.14159*6*6*6/3，这是用来计算半径为 6 的球的体积。

参数可以不止一个，例如下面定义了一个用来计算梯形面积的宏：

```
#define  S(a, b, h)    (a+b)*h/2
```

参数 a 代表梯形的上底宽度，b 代表梯形下底宽度，h 代表梯形高度。S(60, 80, 50) 展开为：(60+80)*50/2。

带实参的宏在展开时，按#define 命令行中指定的字符串从左到右进行置换，如果字符串中包含宏中的形参(如 a、b、h)，则用相应的实参代替形参。宏定义中的其他字符则保留，如(a+b)*h/2 中的括号、+号、*号、数码 2 等。

例 8.2 使用带参数的宏计算梯形面积。

```
#include <stdio.h>
#define  S(a, b, h)    (a+b)*h/2
int main()
{int c1=6, c2=8, c3=10;
printf("S=%d\n", S(c1, c2, c3));
 return 0;
}
```

S(c1,c2,c3)展开为：(c1+c2)*c3/2。程序实际执行的是下面的输出语句：

```
printf("S=%d\n", (c1+c2)*c3/2);
```

(c1+c2)*c3/2 作为 printf 函数的实参，先求出实参的值 70，程序输出结果如下：

```
S=70
```

如果将上面的 S(c1,c2,c3)换成 S(6, c2, 2+8)，运行程序后，输出结果还是 70 吗？我们来分析，S(6, c2, 2+8)展开应该是(6+ c2)*2+8/2，就是说用“2+8”(不是用 2+8 的结果 10)代替形参 h，所以展开后的输出语句是：“printf("%d\n"，(6+c2)*2+8/2)；”，显然会输出 32，而不是输出 70。

原因在于：宏展开仅仅是替换。将例 8.2 中的宏如下定义就不会出错了：

```
#define   S(a, b, h)     (a+b)*(h)/2
```

在调用带参数的宏时，用实参替换形参，实参可以是常量、变量或表达式，如上面的 S(6, c2, 2+8)。但是，程序中双引号内出现的与形参相同的字符串不能被实参替换。

在使用带参数的宏定义时，宏名和括号之间不能有空格，否则系统会把括号、形参和字符串认为是一个字符串。

例如，如果有

```
#define   S   (x,y)   x*y
```

会被认为：S 是符号常量(不带参的宏名)，它代表字符串“(x,y)　x*y”。

上面介绍的用带参数的宏计算球的体积和梯形的面积等问题显然也可以用函数来解决。带参数的宏和函数在形式上有相似的地方，但是它们却有许多不同点：

(1) 宏展开是在编译时进行的，不占用程序运行时间，在展开时并不分配内存单元，即使是带参数的宏也不分配内存单元；而函数调用则是在程序运行时进行处理的，占用程序运行时间，而且要为形参分配临时的内存单元。

(2) 宏展开只是替换；而函数调用时，要计算实参表达式的值后才传递给形参，不是替换。函数调用时存在着从实参向形参传递数据的过程，而使用带参数的宏，不存在传递数据的过程。

(3) 宏名以及它的参数都不存在类型问题，展开时用指定的字符串替换即可。而函数中的实参和形参都要定义类型。

(4) 宏展开后对源程序长度有影响，而函数调用对源程序长度无影响。

8.2　“文件包含”处理

C 语言提供了# include 命令用来实现“文件包含”的操作。作用是将一个源文件的全部内容包含进另一个源文件中来。

被包含的文件可以是 C 语言源文件、库函数头文件等。因为#include 命令通常都放在文件的开头，所以这些被包含的文件通常被称为“标题文件”或“头文件”，常以“.h”(h 为 head 的缩写)为文件的扩展名。当然也可以用其他文件扩展名，但无论用什么扩展名，这个被包含文件必须是文本文件。

C 集成环境为用户提供了很多库函数，每一个库函数都有自己对应的头文件，在 C 语言库函数与用户程序之间进行信息通信时，要使用一些库函数中定义的数据和变量，在使用某一库函数时，都要在程序中使用# include 命令将该函数所对应的头文件包含进来，否则，程序在编译时就会报错。

文件包含的使用格式如下：

```
#include "文件名"    或    #include  <文件名>
```

其中，“文件名”和<文件名>的区别是：当使用“文件名” 形式时，预处理程序首先检索当前文件目录是否有该文件，如果没有，再检索 C 编译系统中指定的目录；而使用<文件名>形式时，预处理程序直接检索 C 编译系统指定的目录。使用“”时，文件名的前面可以添加路径。例如：#include “d:\tc\include\stdio.h”

常用的标准库头文件的扩展名都是.h，如：

```
#include  <stdio.h>    /*标准输入输出函数库文件*/
#include  <string.h>   /*字符串函数库文件*/
#include  <ctype.h>    /*字符函数库文件*/
#include  <math.h>     /*数学函数库文件*/
```

“文件包含”命令可以节省程序设计人员的劳动。例如，可以将经常使用的一组固定的符号常量(g=9.81, pi=3.1415926, e=2.718 等)用宏定义命令组成一个文件，只要用#include 命令将这个文件包含到自己所写的源文件中即可。正确的使用#include 语句，将会减少不必要的重复工作，提高编程效率。特别是在一个软件开发小组共同协作开发大型软件时，include 文件十分有用，利用它可以定义程序中共同的常量、函数原型、宏等，这样可以便于修改且不易出错。

例 8.3　编制如下内容的被包含文件，将其复制到 C 语言目录中。该文件名为 bj.h。

```
#define  START  {
#define  OK  }
#define  MAX(x,y)  x>y?x:y
```

编写另一个程序 file.c，内容如下：

```
 #include <stdio.h>
#include  "bj.h"
int main()
START
    double  x=567.89, y=123.45;
 int  a=25, b=37;
    printf("double MAX=%lf\n", MAX(x,y));
   printf("int MAX=%d\n", MAX(a,b));
    return 0;
OK
```

编译并执行程序 file.c，结果如下：

```
double MAX=567.890000
int MAX=37
```

注意：在编译时并不是作为两个文件进行连接的，而是作为一个源程序编译，得到一个目标(. obj)文件。

说明：

(1) 如果要包含 n 个文件，必须用 n 个#include 命令。即一个#include 命令只能指定一个被包含文件。

(2) 假设“wj1.c”、“wj2.c”、“wj3.c”是 3 个不同的文件，若在“wj1.c”中有如下两行命令：

```
#include    <wj3.c>
#include    <wj2.c>
```

则在文件“wj1.c”中可以用“wj2.c”和“wj3.c”的内容，在文件“wj2.c”中可以用“wj3.c”的内容，不必在文件“wj2.c”中再使用“#include　<wj3.c>”命令。

若在“wj1.c”中只有“#include　<wj2.c>”命令，而“wj1.c”中又要使用“wj3.c”的内容，也可以让“wj2.c”中出现“#include　<wj3.c>”命令。即文件包含可以嵌套使用。

例 8.4　分析下面程序的执行情况。

```
/*file.c*/
  #include    <stdio.h>
  #include    "myfile.txt"
  int main()
  {
    fun();
    return 0;
  }
```

myfile.txt 文本文件的内容如下：

```
void fun()
{char c;
 if((c=getchar())!='\n')
   {putchar(c);
    fun();}
}
```

在编译 file.c 时，预处理过程中用 myfile.txt 文件的文本替换 file.c 中的#include “myfile.txt”，因此本程序功能是接受用户的按键，直到按回车键为止，然后将字符序列显示出来。

8.3　条 件 编 译

有的时候，希望当满足某条件时对一组语句进行编译，而当条件不满足时则编译另一组语句，使得同一个源程序在不同的编译条件下能够产生不同的目标代码文件。这就是“条件编译”。

条件编译命令有以下几种形式：

(1) # if 形式

```
#if 表达式
```

```
  程序段 1
#else
  程序段 2
#endif
```

这种形式的作用是当指定的表达式值为真(非零)时就编译程序段 1，否则编译程序段 2。可以事先给定一定条件，使程序在不同的条件下执行不同的功能。

(2) # ifdef 形式

```
#ifdef  标识符
  程序段 1
#else
  程序段 2
#endif
```

这种形式的作用是当所指定的标识符已经被#define 命令定义过时，在程序编译阶段只编译程序段 1，否则编译程序段 2。其中#else 部分可以没有，即可以是如下形式：

```
# ifdef  标识符
  程序段 1
# endif
```

这里的“程序段 1”可以是语句组，也可以是命令行。这种条件编译对于提高 C 源程序的通用性是很有好处的。

(3) #ifndef 形式

```
#inndef  标识符
   程序段 1
#else
   程序段 2
#endif
```

这里只是第一行与第二种形式不同。其作用是若标识符未被定义过，则编译程序段 1，否则编译程序段 2。

例 8.5　输入 10 个整数，根据需要设置条件编译，能够求 10 个整数的和，或求 10 个整数的积。

程序代码如下：

```
#include <stdio.h>
#define  TERM    0
int main()
{int  i, a[10];    float   s=0, t=1 ;
for (i=0; i<10; i++)  scanf("%d", &a[i]);
  #if  TERM
     for (i=0; i<10; i++)      t=t*a[i];
     printf ("%f", t );
  #else
     for (i=0; i<10; i++)      s= s+a[i];
     printf ("%f", s );
```

```
  #endif
 return 0;
}
```

执行程序，若输入如下 10 个数：

1　2　3　4　5　6　7　8　9　10

则输出结果为：

55.000000

如果将程序中的“# define　TERM　0”改为“# define　TERM　1”，同样输入上面的 10 个数，程序运行的输出结果为：

3628800.000000

需要注意的是：# if 预处理语句中表达式是在编译阶段求值的，因此，它必须是常量表达式或是利用#define 语句定义的标识符，而不能是变量。

采用条件编译，可以减少被编译的语句，从而减少目标程序的长度，减少运行时间。

8.4　习　题

一、阅读下列程序，写出运行结果

```
1. #include <stdio.h>
#define  MIN(x,y)  (x)<(y)?(x):(y)
        int main()
{int i, j, k;
i=10;  j=15;
k=10*MIN(i,j);
printf("%d", k);
   return 0;
}
```

```
2. #include <stdio.h>
#define  N  2
#define  M  N+1
#define  NUM  2*M+1
int main()
{ int i;
for(i=1;i<=NUM;i++)  printf("%d\n",i);
return 0;
}
```

```
3. #include <stdio.h>
#define  ADD(x)  x+x
int main()
{ int m=1,n=2,k=3;
 int sum=ADD(m+n)*k;
```

```
printf("%d\n",sum);
return 0;   }
```

```
4. #include <stdio.h>
#define   PI   3.141596
int main()
{float r,l,s,v;
printf("input radius:"); scanf("%f",&r);
l=2.0*PI*r;   s=PI*r*r;   v=4.0/3*PI*r*r*r;
printf("l=%10．4f\ns=%10．4f\nv=%10．4f\n",l,s,v);
return 0;
}
```

运行程序时输入的 radius 是 2.5 。

```
5. #include <stdio.h>
#define   PI   3.14159265
#define   RADIUS   2.0
        #define   CIRCUM   2.0*PI*RADIUS
        #define   AREA   printf("area=%10．4f\n",PI*RADIUS*RADIUS);
        int main()
         {printf("CIRCUM=%10．4f\n",CIRCUM);
          AREA
          return 0;
         }
```

```
6. #include <stdio.h>
#define   PI   3．1415926
#define   CIRCUM(r)   (2.0*PI*(r))
#define   AREA(r)   (PI*(r)*(r))
int main()
{float a,area;   a=3.6;   area=AREA(a);
printf("r=%f\narea=%f\ncircum=%f\n",a,area,CIRCUM(a));
return 0;
}
```

```
7. #include <stdio.h>
#define   SQUARE(n)   ((n)*(n))
int main()
{int i=1;
while(i<=10)   printf("%5d ",SQUARE(i++));
return 0;
}
```

```
8. #include <stdio.h>
#define   LETTER   1
        int main()
        {char str[20]="C Language",c;   int i=0;
         while((c=str[i])!='\0')
         {i++;
          #if LETTER
             if(c>='a'&&c<='z')   c=c-32;
          #else
```

```
      if(c>='A'&&c<='Z')   c=c+32;
    #endif
    printf("%c",c);
  }
return 0;
}
```

二、编写程序

1. 分别用函数和带参数的宏编写：已知圆柱的底面半径和高，计算圆柱体积。

2. 分别用函数和带参数的宏编写：交换两个变量的值。

3. 分别用函数和带参数的宏编写：找出 4 个数中的最大数。

4. 分别用函数和带参数的宏编写：已知三角形的边长 a、b、c，利用下面的公式计算三角形的面积 s。

$$p=\frac{1}{2}(a+b+c)$$

$$s=\sqrt{p(p-a)(p-b)(p-c)}$$

第9章　指　针

指针是C语言的重要概念，也是C语言的特色之一。使用指针，可以使程序简洁高效，在C程序设计中，指针被广泛使用。本章主要介绍指针的概念、指针的定义和使用、指针和数组的关系、指针作为函数的参数等内容。

9.1　指针的基本概念

内存是计算机的重要组成部分，在程序的执行过程中，所用到的数据都存于内存当中。内存单元的基本单位是字节，为了方便对内存的访问，内存单元的每个字节都有一个编号，这个编号就是内存的地址。

C程序中的每一个变量，在内存中都占用一定数量的内存单元。给变量赋值就是将数据存入对应的内存单元，使用变量时是按照变量所占用的内存单元的地址，从该地址所对应的内存单元中取出变量的值。

因为我们是通过变量的地址来找到存储变量值的内存单元，从而取得变量的值，所以将变量的地址又称为变量的指针。

如图9.1所示，整型变量i占2000、2001两个字节的内存，整型变量j占2002、2003两个字节的内存，其内存单元中存放的是整型数据。而变量p占3000、3001两个字节的内存，其内存单元中存放的是变量i的地址2000(一个变量占多个字节的内存单元时，以首地址来表示该变量的地址)。

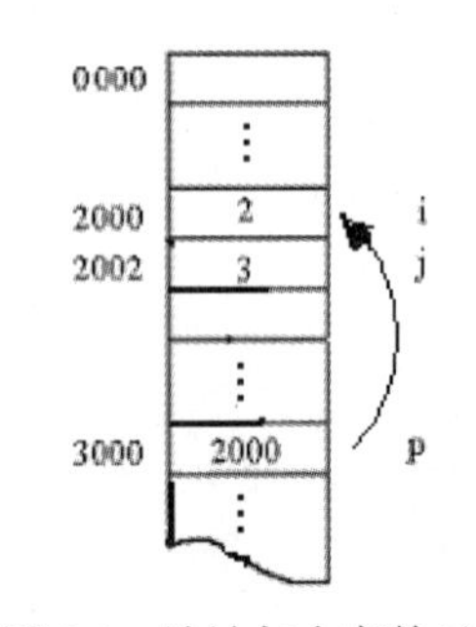

图9.1　地址与内存单元

这种存放另一个变量的地址的变量称为指针变量。称变量p指向变量i，p中存储的是变量i的地址(变量i的指针)。

因此，对一个变量的访问(访问是指取出其值或向它赋值)方式有两种：

(1) 直接访问：通过变量名访问，如通过变量名i直接访问i。

(2) 间接访问：通过指向该变量的指针变量来访问，如通过p访问变量i。

9.1.1　指针变量的定义

指针变量是一个特殊的变量，其值是一个变量的地址。既然是变量，就需要在使用之前先对其定义，然后才能使用。

指针变量定义的一般形式如下：

```
类型标识符  * 标识符;
```

“类型标识符”表示该指针变量所指向的变量类型，“标识符”是指针变量名，“*”表示定义指针变量。例如：

```
int *p1;          /*定义指针变量 p1，指向整型变量*/
float *p2;        /*定义指针变量 p2，指向实型变量*/
char *p3;         /*定义指针变量 p3，指向字符型变量*/
```

指针变量在定义的同时也可以对其初始化，例如：

```
int i;
int *p=&i;
```

初始化的结果为，指针变量 p 中存储了 i 的地址。但要求变量 i 的定义应位于指针变量 p 的定义之前。

在定义指针变量时应该注意：

(1) 标识符前的“*”只是一个符号，表示其后的变量是一个指针变量。

(2) 指针变量的类型必须与其指向的变量类型一致，否则会出错。例如：

```
float x;
int *p1=&x;
```

是错误的。

9.1.2　指针变量的引用

使用指针变量时，或者取用存放在指针中的地址，或者取用指针所指向地址的数据内容，可以通过如下两个指针运算符来完成。

(1) &：取地址运算符，用于取变量的地址。例如：

```
int i,*p1;
p1=&i;
```

取 i 的地址赋给指针变量 p1。

(2) *：指针运算符，用于访问指针变量所指向的变量。例如：

```
int i,*p1;
p1=&i;
*p1=100;
```

则*p1 与 i 等价，访问 i 时，可以用间接方式，用*p1 代表 i，语句“*p1=100;”等价于“i=100;”。

例如：

```
int i=100;
int *p1;
p1 = &i;
```

则指针变量 p1 指向变量 i，对变量 i 有两种访问方式：

(1) 直接访问：如，printf("%d",i);

(2) 通过指针变量间接访问：如，printf("%d",*p1);

在复杂的程序设计中，变量的间接访问可以大大提高程序的效率，并使程序非常简洁。

例 9.1　指针变量的引用。

```
#include <stdio.h>
int main()
{int i,j, *p;
 p=&i;                          /*p 指向 i */
 i=10;
 printf("%d,%d\n",i,*p);
 *p=100;
 printf("%d,%d\n",i,*p);
 p=&j;
 *p=200;
 printf("%d,%d\n",j,*p);
 return 0;
 }
```

程序的运行结果如下：

```
10，10
100，100
200，200
```

程序说明：

(1) 将变量 i 的地址赋给了指针变量 p 之后，*p 与 i 等价。

(2) 程序中的语句

```
*p=100;
```

的作用是将 100 存入由 p 所指向的变量中，即存入整型变量 i 中。

例 9.2　写出下列程序的运行结果。

```
#include <stdio.h>
 int main()
 {int num1=12, *p1;           /*定义一个指向 int 型数据的指针变量 p1 */
  float num2=3.14, *p2;       /*定义一个指向 float 型数据的指针变量 p2 */
  char ch='p', *p3;           /*定义一个指向 char 型数据的指针变量 p3 */
  p1=&num1;                   /*取变量 num1 的地址，赋值给 p1 */
  p2=&num2;                   /*取变量 num2 的地址，赋值给 p2 */
  p3=&ch;                     /*取变量 ch 的地址，赋值给 p3 */
  printf("num1=%d, *p1=%d\n", num1, *p1);
  printf("num2=%4.2f, *p2=%4.2f\n", num2, *p2);
  printf("ch=%c, *p3=%c\n", ch, *p3);
return 0;
}
```

程序的运行结果如下：

```
num1=12, *p1=12
num2=3.14, *p2=3.14
ch=p, *p3=p
```

从程序的运行结果可以看出：num1 和*p1、num2 和*p2、ch1 和*p3 是等价的。

例 9.3　使用指针变量求解：输入 2 个整数，按从小到大的顺序输出。

```
#include <stdio.h>
int main()
    { int num1,num2;
      int *p1=&num1, *p2=&num2, *p;
      printf("Input the first number: ");
      scanf("%d",p1);
      printf("Input the second number: ");
      scanf("%d",p2);
      printf("num1=%d, num2=%d\n", num1, num2);
      if( *p1 > *p2 )                      /*如果 num1>num2，则交换指针的值*/
        {p= p1；p1= p2；p2=p;}
printf("min=%d, max=%d\n", *p1, *p2);
return 0;
    }
```

程序运行结果如下：

```
Input the first number:9↙
Input the second number:6↙
num1=9, num2=6
min=6, max=9
```

程序说明：

(1) 程序中的 if 语句，若*p1>*p2 (即 num1>num2)，则交换指针的值，使 p1 指向变量 num2(较小值)，p2 指向变量 num1(较大值)。

(2) “printf(“min=%d, max=%d\n”, *p1, *p2);” 语句，通过指针变量，间接访问变量的值。

本例的处理思路是：交换指针变量 p1 和 p2 的值，而不是交换变量 num1 和 num2 的值(变量 num1 和 num2 并未交换，仍保持原值)，最后，通过指针变量输出处理结果。

9.2　指针与一维数组

数组和指针有着密切的关系，数组名代表该数组所占内存单元的首地址。当一个指针指向数组后，对数组元素的访问，既可以使用数组下标，又可以使用指针。且用指针访问数组元素，程序的效率更高(用下标访问数组元素程序更清晰)。

9.2.1　指向数组元素的指针

在 C 语言中，当一个数组 a 被定义后，数组名 a 本身就代表了该数组的首地址，并且它是一个地址常量，数组元素的地址可以通过数组名 a 加下标值来取得(a 即 a+0 代表数组元素 a[0]的地址，a+1 代表数组元素 a[1]的地址，a+2 代表数组元素 a[2]的地址，……)。

如果定义一个指针变量，使其指向一个数组，则该指针变量称为指向数组的指针变量。指向数组元素的指针的定义与指向普通变量的指针变量的定义方法是一样的。

例如：

```
int a[10], *p;
```

则语句“p=a; ” 或者“p=&a[0]; ”是等价的，都表示把数组 a 的首地址赋给指针变量 p。

同样，所定义数组的指针变量也可以指向数组的其他元素。例如：

```
int *p1, *p2;
int a[10] = {1, 2, 3, 4, 5, 6, 7, 8, 9, 10};
```

此后可以进行赋值：

```
p1 = &a[0];
p2 = &a[4];
```

完成了赋值之后，指针 p1 指向数组 a 的首元素，p2 指向数组元素 a[4]。

对于上面所写&a[0]的表示形式，由于数组元素访问运算符[]的优先级更高，所以这里不必写成&(a[0])的形式。

9.2.2　通过指针引用数组元素

数组定义和初始化之后，数组元素可以通过数组的下标、数组名或指向数组的指针变量来引用。如定义一个一维数组：

```
int a[10] = {1, 2, 3, 4, 5, 6, 7, 8, 9, 10};
```

可以通过数组的下标来访问数组元素，如：printf(“%d”,a[5]);

也可以通过数组名访问数组元素，如：*(a+0)(即*(a))与 a[0]相等，*(a+1)与 a[1]相等，*(a+2)与 a[2]相等，…，*(a+i)与 a[i]相等。使用数组名时，需要注意不能用 a++的方式，因为 a 是地址常量，常量是不能被重新赋值的。

同样，如果定义指针变量 p(int *p;)，并使 p 指向数组 a(即 p=a)，则可以用指针变量来访问数组元素，如图 9.2 所示。p 指向数组的第一个元素 a[0]，则 p+1 指向数组的下一个元素 a[1]，p+2 指向数组元素 a[2]，…，p+i 指向数组元素 a[i]。

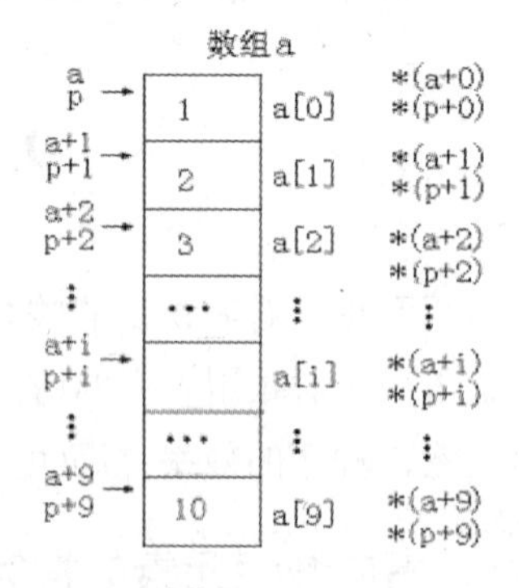

图 9.2　通过指针引用数组元素

可以使用*(p+i)来访问元素 a[i]。p+i 等价于 a+i，都表示元素 a[i]的地址。

指向数组的指针变量也可以带下标，如 p[i]与

*(p+i)等价，表示元素 a[i]。

表示数组元素 a[i]的 4 种方式如下：

a[i]、*(a+i)、*(p+i)、p[i] 。

表示数组元素 a[i]地址的 4 种方式如下：

&a[i]、a+i、p+i、&p[i]。

另外，在使用指向数组的指针变量时，注意对指针变量 p+1 的理解。如果数组元素是 int 型，p+1 所表示的地址是 p 的地址值加 2 个字节；如果数组元素是 float 型，p+1 所表示的地址是 p 的地址值加 4 个字节；如果数组元素是 char 型，p+1 所表示的地址是 p 的地址值加 1 个字节。

当指针变量 p 中存储的是数组 a 的首地址(p=a)时，执行 p++后，p 中存储的是数组元素 a[1]的地址，再执行 p++后，p 中存储的是数组元素 a[2]的地址，…。如果数组元素是 int 型，执行 p++后，p 中存储的地址是 p 中原来存储的地址值加 2 个字节；如果数组元素是 float 型，执行 p++后，p 中存储的地址是 p 中原来存储的地址值加 4 个字节；如果数组元素是 char 型，执行 p++后，p 中存储的地址是 p 中原来存储的地址值加 1 个字节。

如果 p 中存储的是元素 a[i](i≥1)的地址，根据上面的叙述，读者可以思考如何理解 p-1、p--。

例 9.4　使用指向数组的指针变量来引用数组元素。

```
#include <stdio.h>
int main()
    { int a[10], *p=a, i,sum=0;
     printf("Input 10 numbers: ");
     for(i=0; i<10; i++)
        scanf("%d", p+i);            /*使用指针变量来输入数组元素的值*/
     printf("array a: ");
     for(i=0; i<10; i++)
        {printf("%d   ", *(p+i)) ;   /*使用指向数组的指针变量输出数组元素的值*/
         sum=sum+*(p+i) ;
        }
printf("\n sum=%d \n", sum);
return 0;
}
```

程序运行情况如下：

```
Input 10 numbers: 0  1  2  3  4  5  6  7  8  9↙
array a: 0  1  2  3  4  5  6  7  8  9
sum=45
```

上例程序也可以写为如下形式：

```
#include <stdio.h>
int main()
    { int a[10], *p=a, i,sum=0;
```

```
        printf("Input 10 numbers: ");
    for(i=0; i<10; i++,p++)   scanf("%d", p);
    printf("array a: ");
    p=a;                        /*使 p 重新指向数组的第一个元素*/
    for(i=0; i<10; i++,p++)
    {printf("%d    ", *p);
          sum=sum+*p ;
         }
 printf("\n sum=%d \n", sum);
   return 0;
   }
```

通过上面的例子可以看出：

(1) 用指针变量直接指向数组元素，不必每次都重新计算地址。这种有规律地改变地址值(p++)的方法能较好地提高执行效率。

(2) 用下标法比较直观，能够直接知道操作的是数组的第几个元素。

9.2.3　指针使用的几个细节

(1) 空指针

空指针是一个特殊的值，也是唯一一个对任何指针类型都合法的值。一个指针变量具有空值，表示它当时没有被赋予有意义的地址，处于闲置状态。空指针值用 0 表示，这个值绝不会是任何程序对象的地址。但是将空值赋予一个指针变量，说明该指针变量不再是一个不定值，而是一个有效的值。

为了提高程序的可读性，标准库定义了一个与 0 等价的符号常量 NULL，程序中可以这样写：

```
p = NULL;
```

或者：

```
p = 0;
```

这两种写法都是将指针 p 置为空指针值。前一种写法使读程序的人容易意识到这里是一个指针赋值，采用前一种写法时必须通过 #include 包含相应的标准头文件。

(2) 指针初始化

在定义指针变量时，可以用合法的指针值对它进行初始化。例如下面定义：

```
int n, *p = &n, *q = NULL;
```

(3) 设指针 p 指向数组 a(p=a)，则：

- 执行 p++(或 p += 1)后，p 指向数组的下一个元素。
- *p++相当于*(p++)。因为，*和++同优先级，++是右结合运算符。
- *(p++)与*(++p)的作用不同。

*(p++)：先取*p，再使 p 加 1。

*(++p)：先使 p 加 1，再取*p。

- (*p)++表示 p 指向的数组元素值加 1。

(4) 如果 p 当前指向数组 a 的第 i 个元素，则：

- *(p--)相当于 a[i--]，先取*p，再使 p 减 1。
- *(++p)相当于 a[++i]，先使 p 加 1，再取*p。
- *(--p)相当于 a[--i]，先使 p 减 1，再取*p。

(5) 如果两个指针变量 p、q 指向同一个数组，那么还可以对两个指针变量进行比较。

q > p 表示 q 所指元素位于 p 所指数组元素之后，q < p 表示 q 所指数组元素位于 p 所指数组元素之前。如果两个指针不指向同一个数组，对它们的比较也没有意义。

(6) 当两个指针指向同一数组时，可以求它们的差，得到的结果是对应的两个数组元素的下标之差(可能是负整数)，例如 "n = p– q ;" ，整型变量 n 中存储的是一个带符号整数。当两个指针不指向同一数组时，求它们的差就完全没有意义了。

9.3 指针与字符串

在 C 语言中，既可以用字符数组表示字符串，也可以用字符指针变量来表示字符串。既可以逐个字符引用字符串，也可以整体引用字符串。字符串在内存中的起始地址称为字符串的指针，可以定义一个字符指针变量来指向一个字符串。

9.3.1 字符串的表现形式

在 C 语言中，有两种方式可以操作字符串，分别是使用字符数组或字符指针。

1. 使用字符数组

例 9.5 使用字符数组来输出一个字符串。

```
#include <stdio.h>
int main()
{ char string[ ] = "she is our teacher ";
printf("%s\n",string);
   return 0;
}
```

程序运行结果如下：

```
she is a teacher
```

string 是数组名，代表字符数组的首地址。可以用下标方式访问数组，也可以用指针方式访问数组。例如，string[4]表示一个数组元素，其值是字符 i，也可以用*(string+4)来访问这个数组元素，string+4 是指向字符 i 的指针。

2. 使用字符指针

例 9.6　使用字符指针来输出一串字符串。

```
#include <stdio.h>
int main()
{ char *string ="she is our teacher";
   printf("%s\n",string);
   return 0;
}
```

程序中 string 是一个指针变量，语句：

```
char *string = "she is a teacher";
```

等价于

```
char * string;
string = "she is a teacher";
```

它把字符串常量的首地址赋给指针变量 string。不能理解为把字符串常量赋值给指针变量 string。如写成：

```
*string ="she is a teacher";
```

是错误的。

从以上两个例子，可以看出：

(1) 字符数组和字符指针的概念不同。

(2) 字符指针指向字符串的首地址，在 C 语言中，字符串按数组方式处理，因此，字符数组和字符指针的访问方式相同。例如，都可以使用%s 格式控制符进行整体输入输出。但应注意，如果不是字符数组，而是整型、实型等数字型数组，则不能用%s，只能逐个元素处理。

9.3.2　字符指针作函数参数

将一个字符串从一个函数传递到另一个函数，可以用字符数组名或字符指针变量作为参数。有如下 4 种情况。

(1) 实参和形参都为字符数组；

(2) 实参为字符指针，形参为数组名；

(3) 实参和形参都为字符指针变量；

(4) 实参为数组名，形参为字符指针变量。

例 9.7　用函数调用实现字符串的复制(分别用以上 4 种方式来实现)。

程序代码如下：

(1) 实参和形参都为字符数组

```
#include <stdio.h>
```

```
void copystr(char str1[], char str2[])
   { int i=0;
   while(str1[i] != '\0')
      { str2[i] = str1[i]; i++; }
   str2[i] = '\0';
   }
int main()
    { char a[20 ] = "I love china!";
      char b[20 ] = "good!";
      printf("a =%s\n b =%s\n", a,b);
      copystr(a,b);
      printf("a =%s\n b =%s\n", a,b);
      return 0;
    }
```

(2) 实参为字符指针，形参为数组名

```
#include <stdio.h>
void copystr(char str1[], char str2[])
    { int i=0;
  while(str1[i] != '\0')
     { str2[i] = str1[i]; i++; }
  str2[i] = '\0';
    }
  int main()
  {int i;
char *a = "I love china!";
    char *b = "good!";
    printf("a =%s\n b =%s\n", a,b);
    copystr(a,b);
    for (i=0;*(a+i)!='\0'; i++)    putchar(*(a+i));
    printf("\n");
    for (i=0;*(b+i)!='\0'; i++)    putchar(*(b+i));
    return 0;
  }
```

(3) 实参和形参都为字符指针变量

```
#include <stdio.h>
void copystr (char *str1, char *str2)
      {
      for (; *str1 != '\0'; str1++, str2++)
         *str2 = *str1;
      *str2 = '\0';
    }
int main()
   {char *a = "I love china! ";
    char *b = "good!";
    for (i=0;*(a+i)!='\0'; i++)    putchar(*(a+i));
    printf("\n");
    for (i=0;*(b+i)!='\0'; i++)    putchar(*(b+i));
    printf("\n");
```

```
    copystr(a,b);
    puts(a);    puts(b);
    return 0;
   }
```

(4) 实参为数组名，形参为字符指针变量

```
#include <stdio.h>
void copystr (char *str1, char *str2)
        {int i=0;
         for (; (*(str2+i)=*(str1+i))!= '\0'; i++) ;    /*循环体为空语句*/
        }
int main()
        {char a[20]= "I love china!";
         char b[20]= "good!";
    printf("a =%s\n b =%s\n", a,b);
 copystr (a, b);
    puts(a);    puts(b);
return 0;
        }
```

调用 copystr(a, b)后，以上 4 种方式的程序运行输出都为：

```
a=I love china!
b=I love china!
```

程序说明：以上 4 种方式实现同样的功能，即把 a 中的字符串拷贝到 b 中，不同的地方是拷贝函数参数的方式不同。在第 4 种方式中，语句

```
for(; (*(str2+i)=*(str1+i))!= '\0'; i++) ;
```

其执行过程为：首先将源串中的当前字符，复制到目标串中；然后判断该字符(即赋值表达式的值)是否是结束标志‘\0’。如果不是‘\0’，则相对位置变量 i 的值增 1，以便复制下一个字符；如果是结束标志‘\0’，则结束循环。其特点是：先复制、后判断，循环结束前，结束标志已经复制了。

思考：上面各个 copystr 函数有何区别？主函数中各指针变量的使用有何区别？

9.3.3　字符指针变量与字符数组的区别

字符数组和字符指针的概念不同。虽然用字符指针变量和字符数组都能实现字符串的存储和处理，但二者是有区别的。

(1) 存储内容不同

字符指针变量中存储的是字符串的首地址，而字符数组中存储的是字符串本身(数组的每个元素存放一个字符)。

(2) 赋值方式不同

对于字符指针变量，可以采用下面的赋值语句赋值：

```
char    *pointer;
```

```
pointer="This is a example.";
```

而字符数组，虽然可以在定义时初始化，但不能用赋值语句进行整体赋值。例如，下面的用法是非法的：

```
char   ch[20];
ch ="This is a example.";        /*非法用法*/
```

(3) 指针变量的值是可以改变的，字符指针变量也不例外；而数组名代表数组的起始地址，是一个常量，常量是不能被改变的。例如：

```
char *a ="abcdefg";
a=a+3; puts (a);
```

执行后输出“defg”。

但下面的语句是错误的：

```
char a[6]="china";
a=a+3; puts(a);
```

因为 a=a+3 是非法的。

9.4　指针与二维数组

前面已经介绍过，指针可以指向一维数组，同样也可以指向二维数组，或指向更多维数组，但指向二维数组或多维数组的指针更复杂一些。

9.4.1　二维数组的指针

二维数组是一个由类型相同的变量构成的集合，它的元素在内存中按行顺序存放。可以将二维数组看成是由几个一维数组作为元素组成的一个一维数组。例如，下面定义的数组 a：

```
int   a[3][4]={{1, 2, 3, 4}, {5, 6, 7, 8}, {9, 10, 11, 12}};
```

a 由 3×4 个整型变量构成，这 12 个数组元素按行顺序存放，如图 9.3 所示。可以将 a 看成是一维数组，它由 a[0]、a[1]、a[2]三个数组元素组成，每个元素都是一个一维数组。

二维数组的地址或指针可以分成两种：一种用来表示真实的数组元素的地址，称为元素地址，也就是元素指针；另一种用来表示数组的每一行的地址，称为行地址，也就是行指针。

二维数组 a 中的元素 a[i][j]的地址或指针可以用&a[i][j]来表示。由于我们将二维数组看成是由几个一维数组作为元素组成的一个一维数组，将二维数组的每一行看成是一个一维数组，a[i]是一维数组名，由一维数组与指针的关系可知：元素 a[i][j]的地址或指针可以用 a[i]+j 来表示。

C 语言规定，数组名代表数组的首地址。二维数组名 a 是一个行地址，a+0、a+1、a+2 分别是下标为 0、1、2 行的地址，就是以 a[0]、a[1]、a[2]为一维数组名的行地址。即 a(a+0)是一维数组 a[0]的首地址，a+1 是一维数组 a[1]的首地址，a+2 是一维数组 a[2] 的首地址，如图 9.3 所示。

如果 b 是一维数组名，b[i]为 b 数组中的一个元素，那么有：b[i]等价于*(b+i)。同样，a 是二维数组名，a[i]为 a 数组的一个元素(将 a 看成一维数组时，a[i]为 a 数组的一个元素)，也有 a[i] 等价于*(a+i)。

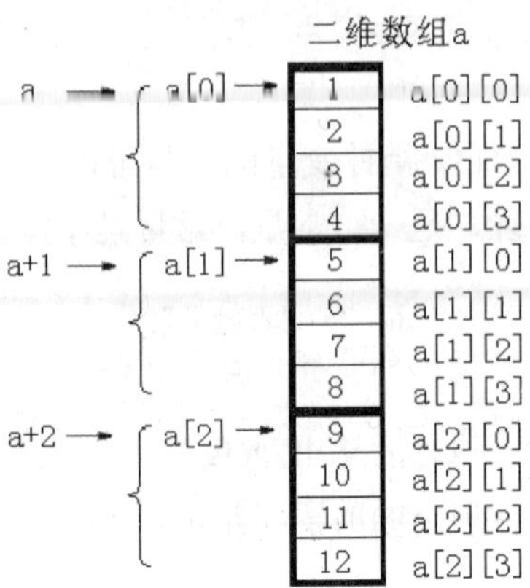

图 9.3　二维数组的地址

所以，二维数组 a 中元素 a[i][j]的地址或指针既可以用 a[i]+j 来表示，也可以用*(a+i)+j 来表示。

综上所述，二维数组 a 中元素 a[i][j]的地址或指针可以表示成如下几种形式：

&a[i][j], a[i]+j, *(a+i)+j

对应地，数组元素 a[i][j] 可以表示成如下几种形式：

a[i][j], *(a[i]+j), *(*(a+i)+j)

9.4.2　行指针变量

可以将二维数组看成是由相同类型的一维数组作为元素而构成的一维数组。

组成二维数组的每一行用一个一维数组来表示，这个一维数组的地址就是二维数组的某一行的首地址。

引入行指针变量可以用来存放“行地址”，即可以存放二维数组中某一行的首地址。

行指针变量的定义形式如下：

类型标识符　　(*行指针变量名)[数组长度];

注意：“*行指针变量名”外的括号不能缺，否则成了指针数组(数组的每个元素都是一个指针)。例如：

```
int  (*p)[4];
```

这里(*p)是一个含有 4 个元素的一维数组，是一维数组的名。因此，p 就是指向这个一维数组的行指针。例如：

```
int  (*p)[4];
int  a[3][4]={{1,2,3,4},{5,6,7,8},{9,10,11,12}};
p=a;
```

则 p 为指向 4 个元素的一维数组的行指针变量；a 为一个 3 行 4 列的二维数组，即每一行是一个含有 4 个元素的一维数组。二维数组名是一个行指针类型的地址常量，语句“p=a；”的作用是将数组 a 的首地址赋给 p，使行指针变量指向该二维数组的首行，即指向一维数组 a[0]。

通过行指针可以表示二维数组的首地址、行地址、元素地址、元素等。假设行指针变量 p 指向二维数组 a 的第 i 行，则：

(1) p：等价于 a+i，指向第 i 行的首地址；

(2) p+1：等价于 a+i+1，指向第 i+1 行的首地址；

(3) p++：p 向后移动一行，等价于 a+i+1；

(4) *p：第 i 行的第 0 个元素的地址，等价于*(a+i)或 a[i]；

(5) *p+j：第 i 行第 j 列元素的地址，等价于*(a+i)+j、a[i]+j 或&a[i][j]；

(6) *(*p+j)：第 i 行第 j 列元素的值，等价于*(*(a+i)+j)、*(a[i]+j)或 a[i][j]。

例 9.8　给定二维数组中任一元素的行下标和列下标，使用行指针变量输出该元素值。

```
#include <stdio.h>
int main()
    {int   a[3][4]={{1,2,3,4},{5,6,7,8},{9,10,11,12}};
         int   (*p)[4], row, col;                          /*定义行指针变量 p*/
         p=a;
         printf("Input row = "); scanf("%d", &row);
         printf("Input col = "); scanf("%d", &col);
printf("a[%d][%d] = %d\n", row, col, *(*(p+row)+col));
return 0;
     }
```

程序运行情况如下：

```
Input row = 1↙
Input col = 2↙
a[1][2] = 7
```

本题也可以直接使用数组名 a，将程序中的*(*(p+row)+col)改为*(*(a+row)+col)即可。

此问题也可以不使用行指针变量，如下编写：

```
#include <stdio.h>
int main()
      {int a[3][4]={{1,2,3,4},{5,6,7,8},{9,10,11,12}};
       int *p, row, col;               /*定义指针变量 p*/
       p=a[0];                         /*给指针变量 p 赋值*/
       printf("Input row = "); scanf("%d",&row);
       printf("Input col = "); scanf("%d",&col);
       printf("a[%d][%d] = %d\n", row, col, *(p+(row*4+col)));
       return 0;
      }
```

思考：上面两种方法中，两个指针变量有何区别？

9.4.3　二维数组的指针作函数参数

二维数组的指针同一维数组的指针一样，也可以作为函数的参数。

例 9.9　从键盘输入 5 名学生的课程成绩，若每个学生共学习 3 门课程，计算总的平均成绩，并根据给定的学生序号(0、1、2、3、4)，计算该学生 3 门课程的平均成绩。

用二维数组的指针来实现，程序如下：

```
#include <stdio.h>
int main()
{ void total_average(float *p,int n);
   void student_average(float (*p)[3],int n);
   int i,j,k;    float x, score[5][3];
   printf("input score:\n");
   for(i=0;i<5;i++)
   for(j=0;j<3;j++)
  { scanf("%f",&x);
      score[i][j]=x;
  }
total_average(score[0],15);
printf("Input No. of student:\n");
scanf("%d", &k);
student_average(score,k);
return 0;
}
void total_average(float *p,int n)
{ float    *p_end,    sum=0,    aver ;
   p_end=p+n-1;
   for (; p<=p_end; p++)    sum=sum+(*p);
   aver=sum/n;
   printf("average=%5.2f\n",aver);
}
void student_average(float (*p)[3],int n)
{int i;    float sum1=0.0, aver;
   for (i=0; i<3; i++)    sum1=sum1+*(*(p+n)+i);
      aver=sum1/3;
      printf("The average score of No.%d is :%5.2f",n,aver);
}
```

函数 total_average 用于计算 5 个学生各门课程的总平均成绩，它的形参 p 被声明为指向一个实型变量的指针变量，函数调用的实参为 score[0]，使 p 指向二维数组的首地址，p=p+1 则使 p 指向数组的下一个元素的地址(注意：不是下一行的首地址)，p_end=p+n-1 使 p_end 指向数组的最后一个元素的地址。

函数 student_average 用于计算一个学生的 3 门课程的平均成绩，它的形参 p 为行指针变量，实参 score 代表数组首地址(也是第 0 行首地址)，使 p 指向数组的第 0 行的首地址，p=p+1 使 p 指向数组的下一行的首地址(注意：不是下一个数组元素的地址)。

9.5　指针数组与多级指针的概念

9.5.1　指针数组

指针数组的每一个元素是一个指针变量。指针数组的定义形式如下：

类型标识符 *数组名［数组长度］

例如：

```
int   * p[4];
```

定义了一个指针数组，数组名为p，有4个元素，每一个元素都是指向整型的指针变量。注意：指针数组与上一节所讲的行指针是不同的。下面定义了一个行指针变量p：

```
int   (*p)[4];
```

即p为指向整型一维数组的指针变量，p指向了具有4个元素的一维数组。p可以存储二维数组的某一行的首地址。

下面的语句定义并初始化了一个指针数组p：

```
float   a=2.5, b=3.0, c=5.5;
float   *p[3]={&a, &b, &c};
```

这样，使p[0]指向变量a，p[1]指向变量b，p[2]指向变量c。p与变量a、b、c之间的关系如图9.4所示。

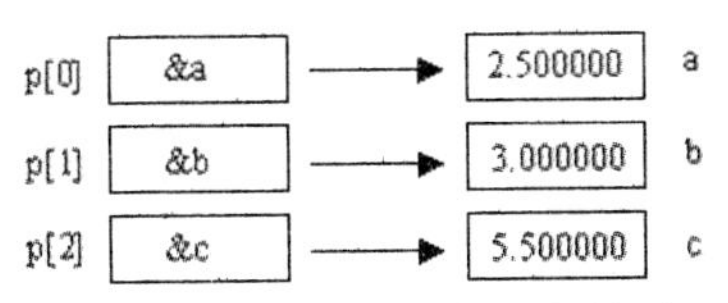

图9.4　指针数组与变量的关系

对于多个字符串，也可以用指针数组来处理，如下面的语句：

```
char *addr[]={"Shanghai", "Beijing" , "Guangzhou" , "Hangzhou", "Nanjing"};
```

定义并初始化了5个字符型指针变量，指针数组addr的每个元素各指向一个字符串常量，如图9.5所示。可以使用语句“printf(“%s”,addr[1]);”输出字符串“Beijing”。

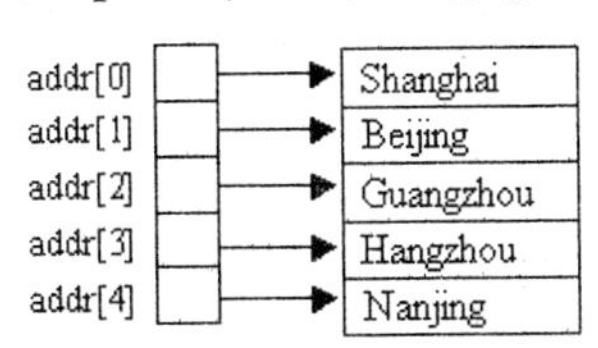

图9.5　用指针数组处理多个字符串

例9.10　用指针数组将图9.5所示的字符串按字母顺序(由小到大)输出。

程序代码如下：

```
#include <stdio.h>
#include <string.h>
void sort(char *addr[], int n);          /*函数声明*/
void print(char *addr[], int n);         /*函数声明*/
int main()
{char *addr[] ={"Shanghai", "Beijing" , "Guangzhou" , "Hangzhou", "Nanjing"} ;
```

```
    int n = 5;
    sort(addr, n);                        /*排序函数的调用*/
    print(addr, n);                       /*输出函数的调用*/
    return 0;
  }
  void sort(char *addr[], int n)         /*选择法排序*/
  {char *temp;    int i, j, k;
    for(i=0; i<n-1; i++)                 /* n 个字符串，外循环 n-1 次  */
      {k = i;
  for(j=i+1; j<n; j++)                  /*内循环*/
    if (strcmp(addr[k], addr[j])> 0) /*比较 addr[k]与 addr[j]所对应字符串的大小*/
        k = j;
  if (k != i)                            /*交换 addr[i]与 addr[k]的指向  */
   {temp = addr[i];    addr[i] = addr[k];    addr[k] = temp;  }
    }
  }
  void print(char *addr[], int n)
  { int i;
  for (i=0; i<n; i++)
      printf("%s\n", addr[i]);
  }
```

程序运行结果如下：

```
Beijing
Guangzhou
Hangzhou
Nanjing
Shanghai
```

程序中定义的 addr 是一个含有 5 个元素的指针数组，并已经赋值，因此 addr 的每一个元素都指向一个字符串。调用函数 sort 后，指针数组 addr 的元素值发生了变化，指向改变了，例如 addr[1]中原来存储的是“Beijing”的首地址，现在存储的是“Guangzhou”的首地址，因此现在使用语句“printf(“%s”,addr[1]);”输出的字符串就不是“Beijing”了，而是“Guangzhou”，如图 9.6 所示。

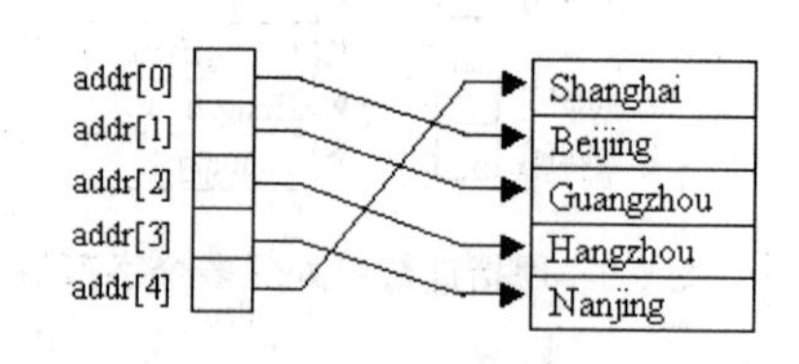

图 9.6　调用函数 sort 后指针数组的情况

9.5.2　多级指针

前面所讲的直接指向数据对象的指针称为一级指针，一级指针变量中存放的是数据的地址；而二级指针变量不直接指向数据对象，而是指向一级指针变量，即二级指针变量存放的是一个一级指针变量的地址；同样，三级指针变量所存放的是一个二级指针变量的地址，三级指针变量指向二级指针变量。多级指针可依次类推。

二级指针变量的定义形式如下：

```
类型标识符  **指针变量名;
```

指针变量前面有两个*，表示它是一个二级指针变量。

若要实现把一个二级指针变量 p2 指向一个一级指针变量 p1，而一级指针变量指向变量 a，则可以使用如下语句来实现：

```
int  a=10,*p1,**p2;   p1=&a;  p2=&p1;
```

指向关系如图 9.7 所示。

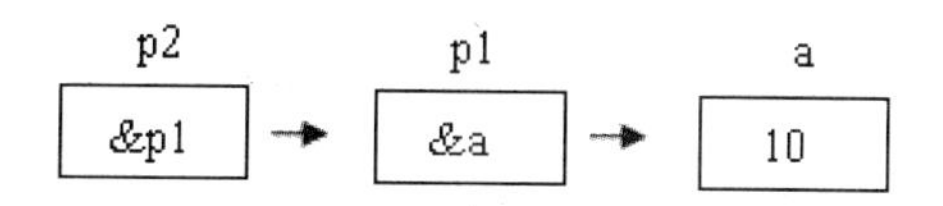

图 9.7 二级指针、一级指针和变量的关系

可以用二级指针来处理图 9.5 中的字符指针数组，如下面的例 9.11。

例 9.11 字符型二级指针变量使用情况。

程序代码如下：

```
#include <stdio.h>
#include <string.h>
int main()
{char *addr[] ={"Shanghai", "Beijing" , "Guangzhou" , "Hangzhou", "Nanjing"};
 char **p; int n;
 p=addr;
 for(n=0; n<5; n++,p++)
    printf("%s, %s\n",   addr[n], *p);
    }
```

输出结果如下：

```
Shanghai, Shanghai
Beijing, Beijing
Guangzhou, Guangzhou
Hangzhou, Hangzhou
Nanjing, Nanjing
```

9.6 指针与函数

指针与函数的关系主要包含 3 方面的内容：(1)指针可以作为函数的参数，实现将一个变量(或函数)的地址传递给函数；(2)指针可以指向函数；(3)函数可以返回指针类型的值。

9.6.1　指针变量作为函数的参数

函数的参数不仅可以是整型、实型、字符型的变量，还可以是指针类型的变量。它的作用是将一个地址值传送到另一个函数中。同其他类型的变量一样，在指针变量作为函数的参数时，也需要进行相应的类型说明，例如，下面说明形参 p 是指向整型的指针变量：

```
void func(int *p)
    {  …  }
```

例 9.12　编写一个程序，用函数实现把变量 a 与 b 的值交换。

程序代码如下：

```
#include <stdio.h>
void swap(int *p1, int *p2);                    /*函数声明*/
int main()
{int   a=3, b=5, *pa, *pb;
 printf("Before swap:");
 printf("a=%d,b=%d\n",a,b);
 pa=&a; pb=&b;
 swap(pa,pb);
 printf("After swap:");
 printf("a=%d,b=%d\n",a,b);
 return 0;
}
void swap(int *p1, int *p2)                     /*函数定义*/
  {int temp;
temp=*p1;
*p1=*p2;
*p2=temp;
  }
```

程序的运行结果如下：

```
Before swap: a=3,b=5
After swap: a=5,b=3
```

函数 swap 实现了变量 a 和 b 的值进行交换，整个程序的实现过程如下：

(1) 主函数 main 调用 swap 函数之前，pa 指向变量 a，pb 指向变量 b，如图 9.8(a)所示。

(2) 主函数 main 调用 swap 函数时，系统为形参 p1 和 p2 分配存储单元，指针变量 pa 和 pb 分别传递给形参 p1 和 p2，如图 9.8(b)所示。

(3) swap 函数利用指针实现了变量 a 和 b 的内容交换，结果如图 9.8(c)所示。

(4) swap 函数调用结束时，形参 p1 和 p2 释放内存单元，但 pa 和 pb 仍然分别指向 a 和 b，但变量 a 和 b 的值已经交换了，如图 9.8(d)所示。

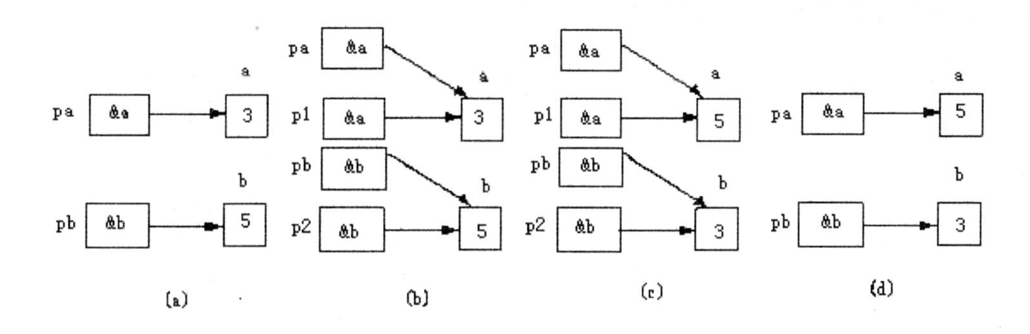

图9.8　指针作为函数的参数

9.6.2　函数的指针

一个函数在编译时，被分配了一个入口地址，这个地址就称为该函数的指针。可以用一个指针变量指向一个函数，然后通过该指针变量调用此函数。

1. 指向函数的指针变量

(1) 定义格式如下：

```
函数类型　(*指针变量)(形参列表);
```

注意：“*指针变量”外的括号不能缺，否则成了返回指针值的函数。例如：

```
int (*fp)();　　/* fp为指向int类型函数的指针变量*/
```

(2) 赋值方式如下：

函数名代表该函数的入口地址。因此，可以用函数名给指向函数的指针变量赋值。即：

```
指向函数的指针变量=[&]函数名;
```

注意：函数名后不能带括号和参数；函数名前的“&”符号是可选的。例如：

```
int f(int i);
int (*fp)();
fp=f;
```

语句“fp=f;”表示将函数f在内存中的入口地址赋值给fp，从而使fp指向f。

(3) 调用格式如下：

```
(*函数指针变量)(实参列表);
```

若使用指向函数的指针调用上面的f函数，调用语句可以是下面的形式：

```
x=(*fp)(5);
```

2. 通过函数指针变量来调用函数的实例

例 9.13　求 a 和 b 中的大者。

程序代码如下：

```
int max(int x, int y);
int main ()
{ int (*p)(int, int);    int a,b,c;
   p = max;
   scanf("%d,%d", &a, &b);
   c = (*p)(a,b);
   printf("a=%d,b=%d,max=%d",a,b,c);
   return 0;
}
int max(int x, int y)
{ int z;
   if (x>y) z = x;
   else   z = y;
   return z;
}
```

通过上例可以看出：

(1) 除函数名用“(*指针变量名)”代替之外，函数指针变量的定义形式与函数的原型相同。(在函数指针变量定义中加入形参类型是现代程序设计风格)。例如：

```
int   (*p) (int,int);
```

仅当形参类型是 int 时，可以省略形参类型，一般不要省略。

(2) 语句“p=max; ”把函数 max 的入口地址赋给函数指针 p，因此语句

```
c=(*p)(a,b);
```

等价于

```
c=max(a,b);
```

语句中的*p 代表 max。

注意：语句“p=max; ”中，函数名代表函数的入口地址，max 后不带函数参数。用函数指针调用函数时，应指定实参。

(3) (*p)()中的 p 是一个指向函数的指针变量，它可以先后指向不同的函数。

3．函数指针作函数的参数的实例

指向函数的指针变量的常用用途之一，就是将函数指针变量用作参数，传递到其他函数。函数名作实参时，因为要缺省括号和参数，造成编译器无法判断它是一个变量还是一个函数，所以必须加以说明。

注意：对指向函数的指针变量 p，诸如 p+i、p++、p--等运算是没有意义的。

例 9.14　已知契比雪夫多项式定义如下：

$$\begin{cases} x & n=1 \\ 2x^2-1 & n=2 \\ 4x^3-3x & n=3 \\ 8x^4-8x^2+1 & n=4 \end{cases}$$

输入 n(正整数)和 x(实数)，计算契比雪夫多项式的值(要求用函数指针变量作为函数的参数来实现)。

程序代码如下：

```
#include <stdio.h>
float f1(float x);                    /*函数声明*/
float f2(float x);                    /*函数声明*/
float f3(float x);                    /*函数声明*/
float f4(float x);                    /*函数声明*/
int main()
{ void test(float (*f)(float));           /*函数声明*/
  int n;
  printf("input n:");
  scanf("%d",&n);
  switch(n)
   {case 1: test(f1);break;       /*把函数 f1 的入口地址传给函数 test 的形参*/
    case 2: test(f2);break;       /*把函数 f2 的入口地址传给函数 test 的形参*/
    case 3: test(f3);break;       /*把函数 f3 的入口地址传给函数 test 的形参*/
    case 4: test(f4);break;       /*把函数 f4 的入口地址传给函数 test 的形参*/
   }
return 0;
}
void test(float (*f) (float))               /*函数定义*/
{float x, result;
 printf("input x:");
 scanf("%f",&x);
 result=(*f)(x);
 printf("result=%f",result);
 }
  float f1(float x)                   /*函数定义*/
{return x;}
  float f2(float x)                   /*函数定义*/
{return 2*x*x-1;}
  float f3(float x)                   /*函数定义*/
{return 4*x*x*x-3*x;}
  float f4(float x)                   /*函数定义*/
{return 8*x*x*x*x-8*x*x+1; }
```

程序运行情况如下：

```
input n: 3↙
input x: 4.5↙
result=351.000000
```

在 main 函数中调用函数 test，传递给函数 test 的实参可以是函数名 f1 或 f2 或 f3 或 f4，即传递函数的入口地址，函数 test 的形参为指向函数的指针变量。

在 test 函数中，使用指向函数的指针变量调用函数 f1 或 f2 或 f3 或 f4 的语句是“result=(*f)(x);”。

9.6.3 返回指针值的函数

调用函数可以返回一个 int 型、float 型、char 型的数据，也可以返回一个指针类型的数据。返回指针值的函数(简称指针函数)的定义格式如下：

　　函数类型　*函数名(形参表列)

例 9.15　使用指针函数实现：对于存储在内存中的一个字符串，给定一个字符，查找该字符在字符串中第一次出现的位置(用内存地址值表示)，然后输出从该地址开始、直到字符串尾的所有字符。

程序代码如下：

```
#include <stdio.h>
char *seek(char *q, char ch) ;            /*函数声明*/
int main()
{char str[80],ch,*p;
   printf("请输入一串字符：");
   gets(str);
   printf("请输入要查找的一个字符：");
   scanf("%c", &ch);
   p=seek(str, ch);
   if (p==NULL)   printf("字符%c 在本字符串中不存在。\n", ch );
   else
 {printf("在字符串中，字符%c 第一次出现的地址是：%d。\n", ch, p );
      printf("从地址%d 开始，直到字符串尾的所有字符是：%s。\n", p,p);
     }
     return 0;
   }
int *seek(char *q, char ch )     /*定义返回指针值的函数*/
  {while (*q!='\0')
      if (*q!=ch) q++;
      else   return q;          /*返回要查找的字符的地址*/
   return   NULL;              /*没有找到，返回空指针*/
  }
```

运行程序情况 1：

```
请输入一串字符：abcdefghijkgfedcba↙
请输入要查找的一个字符: g↙
在字符串中, 字符 g 第一次出现的地址是: -128。
从地址-128 开始, 直到字符串尾的所有字符是: ghijkgfedcba。
```

运行程序情况 2：

```
请输入一串字符：abcdeopqrst↙
请输入要查找的一个字符：x↙
字符 x 在本字符串中不存在。
```

程序说明：

(1) 函数 seek 返回指向字符型的指针值。如果查找成功，能执行到“return q;”，返回要查找的字符的地址。如果查找不成功，则 while 循环一直执行到最后一次，“(*q!=ch)”总是真的，无法执行“return q;”，只好执行“return NULL;”返回空指针。

(2) 在 main 函数中，执行“p=seek(str, ch);”调用函数 seek，返回的指针值赋给指针变量 p，所以 p 中存储的是要查找的字符在内存中的地址(如果找到的话)。

(3) 运行程序情况 1 是在字符串“abcdefghijkgfedcba”中查找字符 g 第一次出现的地址，运行结果显示的十进制地址值-128 是随机的，读者运行时可能显示的是其他地址值。

9.7　命令行参数

9.7.1　命令行参数的概念

启动一个程序的基本方式是在操作系统命令状态下由键盘输入一个命令。操作系统根据命令名去查找相应的程序代码文件，把它装入内存并令其开始执行。“命令行”就是为启动程序而在操作系统状态下输入的表示命令的字符行。当然，目前许多操作系统采用图形用户界面，在要求执行程序时，一般不是通过命令行的形式发出命令，而是通过单击图标或菜单项等。但实际的命令行仍然存在，它们存在于图标或菜单的定义中。

在要求执行一个命令时，所提供的命令行中往往不仅是命令名，可能还需要提供另外的信息。例如，在 DOS 系统里，要用系统的编辑器编辑一个文件，我们可能输入如下命令：

```
edit　file1.txt
```

文件名 file1.txt 就是命令的附加信息。

命令行中的这些额外信息以字符序列的形式出现，这就是本节要讨论的命令行参数。

例如，在常见的微机系统中，如果源程序文件名是 abcd.c，经过编译连接后通常会产生名为 abcd.exe 的可执行程序文件，在命令状态下输入命令：

```
abcd
```

这个程序就会装入执行。但至今我们还没有考虑过命令行参数的处理问题。要考虑这种程序，就需要了解 C 语言的命令行参数机制。

9.7.2　命令行参数的处理

处理程序的命令行参数很像处理函数的参数。要编写能处理命令行参数的程序，首先要了解 C 程序如何看待命令行。把命令行中的字符看成由空格分隔的若干个字符串，每个字符串是一个命令行参数。命令名本身是编号为0的参数，后面的参数编号依次是1、2、…。在程序中可以按规定方式使用这些字符串，以接受和处理各个命令行参数。假设有一个可执行文件名为prog1.exe，调用这个程序时所用的命令行如下：

```
prog1  there  are  five  arguments
```

对于这个命令行，字符序列“prog1”就被看成是编号为0的命令行参数，“there”是编号为1的命令行参数，依次类推。在这个命令行中一共有5个参数。对于另一个命令行：

```
prog1  I  don't  know  what  is  the  number
```

程序prog1执行时将有8个命令行参数。

C程序通过main函数的参数获取命令行参数信息。在前面章节中所讲的程序，main函数都没有参数，表示它们不处理命令行参数。实际上main函数可以有两个参数，它的原型如下：

```
[返回类型] main (int argc, char *argv[]);
```

人们常用argc、argv作为main函数的两个参数的名字。当然，根据对函数性质的了解，我们应该知道，这两个参数完全可以用任何其他名字，但它们的类型是确定的。只要我们在定义main函数时，写出上面这样类型正确的函数原型，就能保证在程序启动时能够正确得到有关命令行参数的信息。

当一个用C编写的程序被装入内存准备执行时，main函数的两个参数被自动给定初值：argc的值是启动命令行中的命令行参数的个数；argv是一个字符型指针数组，这个数组里共有argc+1个字符指针变量，其中的前argc个指针变量分别存储命令行参数的各字符串首地址，最后是一个空指针，表示数组结束。

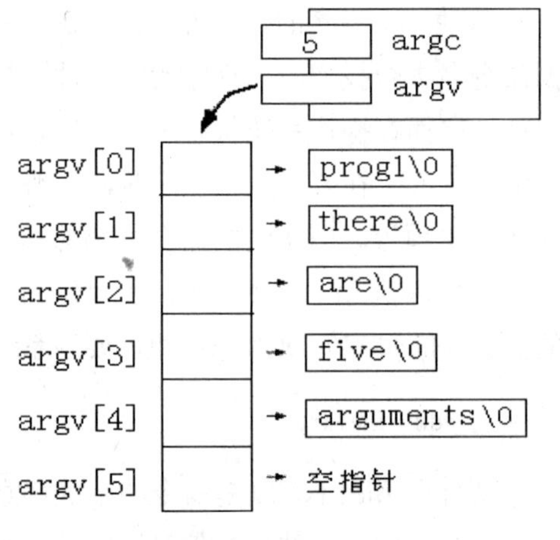

图9.9　命令行参数的存储情况

对于前面讨论过的程序调用：

```
prog1  there  are  five  arguments
```

当程序执行进入主函数main时，与命令行参数相关的现场情况如图9.9所示。其中main的整型参数argc保存着数值5，指针参数argv指向一个包含6个元素的字符指针数组，其中前5个指针数组元素分别存储相应字符串的首地址，最后是一个空指针。这些都是在main函数开始执行前自动建立的。这样，在main函数中就可以通过argc和argv访问命令行的各个参数了。由argc可以得到命令行参数的个数，由argv可以找到各个命令行参数字符串。

下面是一个使用命令行参数的简单例子，从中可以看出命令行参数的基本使用方法。

例 9.16　下面的程序能够依次打印程序调用时提供的各个命令行参数。

```
#include <stdio.h>
int main (int argc, char *argv[])
{ int i;
  for (i = 0; i < argc; ++i)
      printf(" %s\n",argv[i]);
  return 0;
}
```

假定这个程序的源文件名是 echo.c，对应的可执行文件是 echo.exe。执行下面的命令：

```
echo   programming   is   understanding
```

将会产生如下输出信息：

```
echo
programming
is
understanding
```

由于 argv 是一个指针数组，利用它的最后一个数组元素中存储空指针的事实，可以给出上述程序的另一种写法，代码如下：

```
#include <stdio.h>
int main (int argc, char *argv[])
{while(*argv != NULL)
    printf("%s\n", *argv++);
 return 0;
 }
```

9.8　程序设计举例

例 9.17　某公司从 2006 年到 2009 年，5 种商品的年销售额如表 9.1 所示(单位万元)。

表 9.1　5 种商品的年销售额

	商品编号	2006	2007	2008	2009
1	dqA23	45	47	50	52
2	dqB56	38	40	41	43
3	spA35	23	20	24	23
4	spB78	34	37	33	30
5	fzA49	41	43	40	39

请根据表格中的数据，使用指针变量和指针数组，编写程序完成下面的任务：

(1) 根据给定的商品编号，计算该商品 4 年的销售总额。

(2) 根据给定的商品编号和年份，找出与之对应的销售额。

(3) 根据给定的年份，计算该年所有商品的销售总额。

(4) 根据给定的年份，分别找出该年销售额最大、最小的商品。

程序代码如下：

```
#include <stdio.h>
#define  N   5
#define  M   4
char  *spbh[N]={"dqA23","dqB56","spA35","spB78","fzA49"};
float  sse[N][M]=
{{45,47,50,52},{38,40,41,43},{23,20,24,23},{34,37,33,30},{41,43,40,39}};
/*sse 第 k 行的 4 个数是 spbh[k]所对应的商品编号的 4 个销售额(k=0,1,2,3,4)*/
void  f1()
{char num[10];   int i,j;   float sum=0;
 printf("请输入商品编号:");
 scanf("%s",num);
 for (i=0; i<N; i++)
   if ( strcmp(num,spbh[i])==0) j=i;
 if (0<=j&&j<N)
/*若为真,则 j 中存储的是与给定商品编号对应的数组 sse 的行下标*/
   {for (i=0; i<M; i++)     sum=sum+*(sse[j]+i);
    printf("\n 商品编号为%s 的四年销售总额为%f。\n",num,sum);
   }
 else   printf("\n 不存在此编号!\n");
 return;
}
void  f2()
{char num[10]; int year,i,j,k; ;
 printf("请输入商品编号:");
 scanf("%s",num);
 for (i=0; i<N; i++)
   if  ( strcmp(num,*(spbh+i))==0) j=i;
 printf("请输入年份(2006 或 2007 或 2008 或 2009):");
 scanf("%d",&year);
 k=year-2006;                 /*k 值是与年份对应的数组 sse 的列下标*/
 if  ((0<=j&&j<N)&&(0<=k&&k<M))
    printf("\n 编号为%s 的商品在%d 年销售额为%f。\n",num,year,sse[j][k]);
 else   printf("\n 不存在此编号或年份!\n");
 return;
}
void  f3( )
{int year,i,k,*p; float sum=0;
 p=&year;
 printf("请输入年份(2006 或 2007 或 2008 或 2009):");
 scanf("%d",p);
 k=*p-2006;
 if (0<=k&&k<M)   /*数组 sse 列下标为 k 的所有元素之和就是那年销售总额*/
   {for (i=0; i<N; i++)    sum=sum+*(*(sse+i)+k);
    printf("\n 在%d 年所有商品销售额为%f。\n",*p,sum);
   }
 else   printf("\n 年份输入错误!\n");
```

```
    return;
  }
  void    f4( )
  {int year,i,k,maxnum=0,minnum=0;    float max,min;
   printf("请输入年份(2006 或 2007 或 2008 或 2009):");
   loop2: scanf("%d",&year);
   if (year<2006||year>2009)
        {printf("\n 年份输入错误!\n");
         goto loop2;
        }
   k=year-2006;
   max=*(sse[0]+k);
   min=*(sse[0]+k);
   for (i=1; i<N; i++)      /*在下标为 k 的那一列中找最大、最小值及其位置*/
        {if (*(sse[i]+k)>max)
             {max=*(sse[i]+k);
              maxnum=i;
             }
         if (*(sse[i]+k)<min)
             {min=*(sse[i]+k);
              minnum=i;
             }
        }
   printf("\n 在%d 年所有商品销售额中,",year);
   printf("\n 商品编号%s 的销售额%f 最大,",spbh[maxnum],max);
   printf("\n 商品编号%s 的销售额%f 最小。",spbh[minnum],min);
   return;
  }
  int main()
  {int    xz;
   while(1)
     {printf("\n++++++++++++关于商品销售额的计算和查找+++++++++++\n");
      printf("1.根据给定的商品编号，计算该商品四年的销售总额。\n");
      printf("2.根据给定的商品编号和年份，找出与之对应的销售额。\n");
      printf("3.根据给定的年份，计算该年所有商品的销售总额。\n");
      printf("4.根据给定的年份，分别找出该年销售额最大、最小的商品。\n");
      printf("5.结束程序运行。\n");
      printf("请选择(1,2,3,4,5):");
      loop1:scanf("%d", &xz);
      if (xz<1||xz>5)
           {printf("\n 错误输入!请重新输入:"); goto loop1; }
      if (xz==5)    break;
      switch (xz)
         {case    1: f1(); break;
          case    2: f2(); break;
          case    3: f3(); break;
          case    4: f4(); break;
         }
     }
    printf("程序运行结束，再见!");
    return 0;
}
```

程序说明：

(1) 在程序开始时，定义指针数组 spbh 和二维数组 sse 为全局变量，这样各个函数都可以使用这两个数组。spbh 中存储各个字符串(商品编号)的首地址，sse 中存储每种商品 2006 年到 2009 年的销售额。

(2) 运行程序，首先出现如下形式的选择菜单：

```
+++++++++++++关于商品销售额的计算和查找+++++++++++++
 1.根据给定的商品编号，计算该商品四年的销售总额。
 2.根据给定的商品编号和年份，找出与之对应的销售额。
 3.根据给定的年份，计算该年所有商品的销售总额。
 4.根据给定的年份，分别找出该年销售额最大、最小的商品。
 5.结束程序运行。
 请选择(1,2,3,4,5):
```

用户可以根据需要来选择，输入 1 到 5 中的某个数，然后程序对应地调用 f1 或 f2 或 f3 或 f4 或结束运行。

(3) 在 f1 中，语句“if (strcmp(num,spbh[i])==0) j=i;”是利用函数 strcmp 比较两个字符串是否相等，将找到的商品编号所对应的数组元素的下标存放在变量 j 中，spbh[i]中存储的是下标为 i 的字符串(商品编号)的首地址。语句“for (i=0; i<M; i++)sum=sum+*(sse[j]+i);”是求出第 j 行的 M 个元素值之和。

(4) 在 f2 中，语句“if (strcmp(num,*(spbh+i))==0) j=i;”中的*(spbh+i)就是 spbh[i]。

(5) 在 f3 中，语句“for (i=0; i<N; i++)　sum=sum+*(*(sse+i)+k);”中的*(*(sse+i)+k)就是 sse[i][k]。

思考：如果将所有涉及到数组的操作都用指针来实现，程序应该如何修改？

9.9 习　题

一、阅读程序，写出运行结果

```
1. #include <stdio.h>
int main()
{ int   i, j, *p, *q;
   i=2; j=10; p=&i; q=&j; *p=10; *q=2;    printf("i=%d,j=%d\n",i,j);
return 0;
}

2. #include <stdio.h>
int main()
{int   i, *p;    p=&i;    *p=2;    p++;    *p=5;    printf("%d,",*p);
  p--; printf("%d\n",*p); return 0;
}

3. #include <stdio.h>
int main()
{ char s[ ]="abcdefg";   char *p;   p=s;   printf("ch=%c\n",*(p+5)); return 0;}
```

```
4. #include <stdio.h>
int main()
    {int   a[ ]={1,2,3,4,5,6,},*p;
for(p=&a[5];p>=a;p--)   printf("%d",*p);    printf("\n");
return 0;
}
```

```
5. #include <stdio.h>
int main()
{int a[ ]={1,3,5,7,9},*p=a;
  printf(%d\n",(*p++));   printf(%d\n",(*++p));   printf("%d\n",
  (*++p)++);
  return 0;
   }
```

二、编程题(要求用指针)

1. 从键盘输入 3 个整数，定义 3 个指针变量 p1，p2，p3，使 p1 指向这 3 个数的最大者，p2 指向次大者，p3 指向最小者，然后按由大到小的顺序输出这 3 个数。

2. 对包含 100 个整数的一维数组，找出其中能被 3 或 5 整除的数存储到另外一个数组中。

3. 按照字典排序方式给若干个字符串排序。

4. 计算从键盘输入的 100 个实数的平均值，并输出这 100 个实数以及平均值。

5. 编写一函数，不用字符串连接函数 strcat，完成两个字符串的连接。

6. 编写一函数，在给定的一个英文句子中查找某个英文单词，找到则返回该英文单词第一次出现的位置，否则返回-1(不许使用 strstr 函数)。

7. 输入一串字符，统计其中字符 a~f 每个的出现频率(百分比)。

8. 输入一个整型数，输出与该整型数对应的月份的英语名称。例如输入 1，输出 Jan。

9. 编写一函数，对存储在数组中的英文句子，统计其中的单词个数。单词之间用空格分隔。

10. 用矩形法分别求函数 y=sin(x)在[0,1]区间上的定积分、y=cos(x)在[-1,1]区间上的定积分、$y=5x^2+6x+7$ 在[1,3]区间上的定积分，要求使用指向函数的指针变量。

11. 找出矩阵某一行中的最大数。

12. 从键盘输入 a 和 b 两个整数，在矩阵中查找与 a 相同的数，找到后用 b 替换。

第10章　结构体与其他数据类型

在C语言中，除了简单的数据类型，如整型、字符型、实型外，还有复杂的结构类型。这些复杂的结构类型包括已经学过的数组和本章将要学习的结构体、共用体等。

10.1　结构体的概念

在数据库中，为了表示一些相关的简单数据类型，如学生档案信息、职工工资信息、图书资料信息等，可以先定义数据库中表的结构，然后根据表的结构建立若干条“记录”，形成数据库中的表文件，其中的每条记录是由多项数据构成的一个集合。

在C语言中要表达此类问题，可以使用结构体类型。例如，要描述多个学生的档案信息。其中每个学生有自己的学号、姓名、年龄、性别、成绩等数据。每项数据可能有不同的类型，如类型为：学号是无符号整型、姓名是字符型数组、性别是字符型、年龄是整型、成绩是实型等。要把这些信息和学生关联在一起，可以声明以下结构体类型：

```
struct student
   {unsigned num;
    char name[10] ;
    char sex;
    int age;
    float score;
   };
```

其中，struct是结构体的关键字；student是结构体的标识符，即结构体名；num、name[10]、sex、age、score等是结构体成员，这几个成员组成成员列表。

结构体的类型声明方式一般为如下格式：

```
struct  结构体名
 {
  成员列表;
 };
```

其中各成员应进行类型说明。

声明结构体类型时应该注意以下几点：

(1) 声明结构体类型并不引起内存分配，结构体类型变量的定义才引起内存的分配。

(2) 在声明结构体类型时，允许使用先声明过的结构体类型作为另一个结构体类型的成员。例如：

```
struct score
{float score_math;
  float score_english;
  float score_computer;
};
struct student
{unsigned num;
  char name[10];
  char sex;
  int age;
  struct score class;
};
```

10.2　结构体类型变量和数组

10.2.1　结构体类型变量

1．结构体类型变量的定义

结构体类型变量的定义有 3 种方法。

(1) 先声明结构体类型，后定义变量。

这种方法的语法格式如下：

```
struct 结构体名
{
  成员列表;
  };
  struct 结构体名 结构体变量表;
```

例如：

```
struct student
            {unsigned num;
             char name[10];
             char sex;
             int age;
             float score;
};
  struct student    student1, student2, student3;
```

定义了 student 结构体类型的 3 个变量：student1，student2，student3。

(2) 在声明结构体类型的同时定义变量。

这种方法的语法格式如下：

```
struct 结构体名
     {
      成员列表;
     }结构体变量表;
```

例如：

```
struct student
        {unsigned num;
         char name[10];
         char sex;
         int age;
         float score;
        }student1, student2, student3;
```

也定义了 student 结构体类型的 3 个变量：student1，student2，student3。

(3) 直接定义变量。

这种方法的语法格式如下：

```
struct
{
   成员列表;
   } 结构体变量表;
```

例如：

```
struct
{ unsigned num;
   char name[10];
   char sex;
   int age;
   float score;
   }student1, student2, student3;
```

直接定义了结构体类型的 3 个变量 student1、student2 和 student3。但这种定义方式因为没有类型名，所以不能再定义更多的变量。

定义了一个结构体类型的变量后，系统就会为其按结构分配相应的内存，其大小取决于结构体的具体成员，如前面所举的例子中，一个 struct student 类型的结构体变量应分配：

```
2 字节(num)+10 字节(name)+1 字节(sex)
 +2 字节(age)+4 字节(score)=19 字节
```

无论是否给每个成员赋值，一个 struct student 类型的结构体变量都占据 19 个字节。

2. 结构体变量的初始化

结构体变量初始化是在定义变量时，指定变量各个成员的初始值。例如：

```
 struct student
{ unsigned num;
      char name[10];
      char sex;
      int age;
      float score;
      }student1={9805, "li liang", 'm', 20, 80.5};
     main()
      {
```

```
    static struct student
    {unsigned num;
     char name[10];
     char sex;
     int age;
     float score;
    }student2={9807,"wang ning",'m',19,90.0};
     … …
  }
```

上述代码定义 student1 为全局变量、student2 为局部静态变量。

3. 结构体成员的引用

结构体变量定义之后即可在程序中使用。但不像其他简单变量那样，直接使用其名，而只能对其成员进行操作，结构体成员的引用形式如下：

```
结构体变量名.成员名
```

其中，“.”为成员运算符，例如：

```
scanf("%d,%s,%c,%d,%f",&student1.num, student1.name, &student1.sex,
        &student1.age, &student1.score);
printf("%d,%s,%c,%d,%f\n", student1.num, student1.name, student1.sex,
        student1.age, student1.score);
```

而下面的输入和输出形式则是错误的：

```
scanf ("%d,%s,%c,%d,%f", &student1);
printf ("%d,%s,%c,%d,%f\n", student1);
```

这里我们必须注意：

(1) 如果成员是另一个定义过的结构体变量，则要用若干个成员运算符，逐级找到最低一级的成员，各级成员按顺序用成员运算符连接起来。只能对最低一级成员进行赋值或运算。

例如：

```
struct  score
{ float score_math;
  float score_english;
  float score_computer;
};
  struct  student
{ unsigned num;
  char name[10];
  char sex;
  int age;
  struct  score  report;
  }student1;
```

这里可以用 student1.num 引用 num 这个成员，而对 report 这个成员，则必须用 student1.report.score_math，student1.report.score_english，student1.report.score_computer 形式来引用

最低一级成员。

(2) 可以像简单变量一样，对结构体成员进行运算等各种操作，且成员运算符“.”优先级最高。

(3) &student1 表示 student1 这个结构体变量所占的首地址，&student1.num 表示成员 num 的地址。

例 10.1 编写程序，从键盘输入一个学生的学号、姓名、数学成绩、英语成绩、计算机成绩，然后输出学生的学号、姓名和 3 门课程的平均成绩。

程序代码如下：

```
#include <stdio.h>
struct student
{ unsigned num;
   char name[10]
   float score_math;
   float score_english;
   float score_computer
};
int main()
{ struct student st; float aver;
   printf("Input number:");   scanf("%d",&st.num);
   printf("Input name:");     scanf("%s",st.name);
   printf("Input score of mathmatics:");     scanf("%f",&st.score_math);
   printf("Input score of english:");   scanf("%f",&st.score_english);
   printf("Input score of computer:");   scanf("%f",&st.score_computer);
   aver=(st. score_math+ st. score_english+ st.score_computer)/3;
   printf("Number=%d\n", st. num);
   printf("Name=%s\n", st. name);
   printf("average=%f\n", aver);
   return 0;
}
```

10.2.2 结构体类型数组

1. 结构体类型数组的定义方法

结构体数组与普通数组的不同之处在于，结构体数组的每个数组元素都存储一组数据(各成员的数据)，而普通数组的每个数组元素只存储一个数据。和定义结构体类型变量的方法相仿，3 种定义定义结构体类型数组的方法如表 10.1 所示。

表 10.1　结构体类型数组的定义方法

先声明结构体类型再定义数组名	在声明结构体类型的同时定义数组	直接定义结构体数组

Struct 结构体名
{
　成员列表
};
struct 结构体名 数组名
	Struct 结构体名
	{
	　成员列表
	}数组名;
		Struct
		{
		　成员列表
		}数组名;

例如，可以分别根据上面 3 种定义方法定义数组 person：

```
struct date
{ int year;
  int month;
  int day;
};
struct date person[2];
```

```
struct date
 {int year;
    int month;
     int day;
} person[2];
```

```
struct
  {int year;
      int month;
       int day;
} person[2];
```

2．结构体数组成员的初始化

```
struct date
  {int year;
      int month;
      int day;
  }person[2]={{1997,7,1},{2000,8,8}};
```

上述代码表示定义了数组 person，数组中含有 2 个元素，每个元素都是 struct date 类型，定义的同时对其成员进行了初始化。表 10.2 给出了结构体类型数组 person 的逻辑存储结构。

表 10.2　数组 person 的逻辑存储结构

	year	month	day
person[0]	1997	7	1
person[1]	2000	8	8

3．结构体数组元素的引用

结构体数组元素也是通过数组名和下标来引用的，结构体数组元素的引用与结构体变量的引用一样，也是逐级找到最低一级成员，对最低一级的成员进行赋值或运算。引用形式如下：

```
数组名[下标]. 成员名
```

如对于上面定义的数组 person，可用如下形式来引用数组元素：

```
person[1].year=2000;
person[1].month=person[0].month+1;
person[1].day=6+2;
```

例 10.2　编写程序，从键盘输入 6 个学生的信息(包括：学号、姓名、年龄、成绩)，然后输出所有 6 个学生的信息，输出年龄和成绩的平均值。

程序代码如下：

```
#include <stdio.h>
#define   N   6
struct student
{ unsigned num;
  char name[15];
```

```
    int age;
    float score;
  };
  int main()
  { int i;
    float x, average=0.0, averscore=0.0;
    struct student st[N];
    for(i=0;i<N;i++)
      {printf("Input number:");   scanf("%d",&st[i].num);
        printf("Input name:");     scanf("%s",st[i].name);
        printf("Input age:");      scanf("%d",&st[i].age);
        printf("Input score:");   scanf("%f",&x);
        st[i].score=x;      /*用一实型变量间接给 score 赋值*/
        average=average+st[i].age;           /*计算年龄的总和*/
        averscore=averscore+st[i].score;      /*计算成绩的总和*/
        }
  average=average/N;           /*计算平均值*/
  averscore=averscore/N;
  for(i=0;i<N;i++)
    { printf("Number=%d, ",st[i].num);
      printf("Name=%s, ",st[i].name);
      printf("Age=%d, ",st[i].age);
      printf("Score=%f\n",st[i].score);
    }
    printf("Average Age =%f\n", average);
    printf("Average Score=%f\n", averscore);
    return 0;
  }
```

10.3　指向结构体的指针

1．指向结构体变量的指针

结构体变量也有地址，指向结构体变量的指针中存放一个结构体变量所占内存单元的首地址，声明指向结构体变量的指针的形式如下：

```
结构体类型说明符　*指针变量名;
```

例如，先声明一个结构体类型：

```
struct student
{char name[15];
 unsigned num;
 int age;
 float score;
};
```

然后就可以定义结构体变量及指向结构体变量的指针变量。例如：

```
struct student   s1;
```

```
struct student    *p;
```

定义好一个指向结构体变量的指针之后，C 编译程序只给其分配了一个用于存放地址的空间，但它并没有具体的指向，必须将一个结构体变量的地址或结构体数组元素的地址赋给它。结构体变量的地址必须通过取地址符“&”取得。例如：

```
p=&s1;
```

用结构体变量引用结构体成员是以圆点作为连接符的。例如：

s1.name 和 s1.age。

那么如何通过指向结构体类型的指针引用结构体成员呢？有两种方法：一种是用圆点操作符“.”；另一种是用箭头操作符“->”。例如：

```
(*p).name 或 p->name
```

说明：

(1) 不可以写成*p. name。因为“. ”的优先级高于“*”。写为(*p). name 表示先做(*p)运算，而写成*p. name 表示先做(p. name) 运算。

这里 p 是一个指向结构体变量的指针，p 指向 s1 时(即 p=&s1)，(*p)与 s1 等价。

(2) 箭头运算符“->”是由一个减号和一个大于号组成的，且运算优先级最高。指向结构体的指针变量中存储的是结构体变量的地址，用来指向结构体变量。

(3) 如果要对指向结构体的指针所指向的变量进行操作，可以用如下语句实现：

```
scanf("%s%d%d%f", ( *p). name, &( *p). num, &( *p). age, &x);
(*p).score=x;                /*用一 float 型变量 x 间接给 score 赋值*/
printf("%s\n%d\n%d\n%f\n", ( *p). name, (*p). num, (*p). age, (*p). score);
```

或者：

```
scanf("%s%d%d%f",p->name, &p->num, &p->age, &x);
p->score=x;
printf("%s\n%d\n%d\n%f\n", p->name, p->num, p->age, p->score);
```

2. 指向结构体数组的指针

如果将结构体数组中某一元素的地址赋给指向结构体类型的指针，那么指向结构体类型的指针在进行加 1 之后可以指向数组的下一元素，如此重复就可以用指向结构体的指针对结构体数组元素进行操作。例如：

```
struct student    stu[20], *p;
p=stu;
```

p 将指向 stu 数组的首地址，也就是 stu[0]的地址，p->name 表示 stu[0]. name。 执行“p++;”后，p 将指向 stu 数组中的元素 stu[1]，p->name 表示 stu[1]. name。

例 10.3　使用指向结构体的指针完成：从键盘输入 6 个学生的信息(包括：学号、姓名、年龄、成绩)，然后输出所有 6 个学生的信息，输出年龄和成绩的平均值。

```
#include <stdio.h>
#define   N   6
struct student
{ unsigned num;
   char name[15];
   int age;
   float score;
};
int main()
   { int i;
     float x, average=0.0, averscore=0.0;
     struct student st[N],*p;
     p=st;
     for(i=0; i<N; i++,p++)
        {printf("Input number:");   scanf("%d",&p->num);
         printf("Input name:");     scanf("%s", p->name);
         printf("Input age:");      scanf("%d",& p->age);
         printf("Input score:");    scanf("%f",&x);
         p->score=x;       /*用一实型变量间接给 score 赋值*/
         average=average+ p->age;            /*计算年龄的总和*/
         averscore=averscore+ p->score;      /*计算成绩的总和*/
         }
       average=average/N;            /*计算平均值*/
       averscore=averscore/N;
       for(p=st, i=0; i<N; i++,p++)
       { printf("Number=%d, ", p->num);
          printf("Name=%s, ", p->name);
          printf("Age=%d, ", p->age);
          printf("Score=%f\n", p->score);
       }
     printf("Average age =%f\n", average);
     printf("Average score=%f\n", averscore);
     return 0;
 }
```

10.4　使用指针处理链表

链表是一种常见的重要的数据结构，是一种动态进行存储分配的结构，在实际中应用非常广泛。链表是指将若干个称为结点的数据项按一定的规则连接起来的表。最简单的链表是单向链表，如图 10.1 所示是一个简单的单向链表的构造示意图。

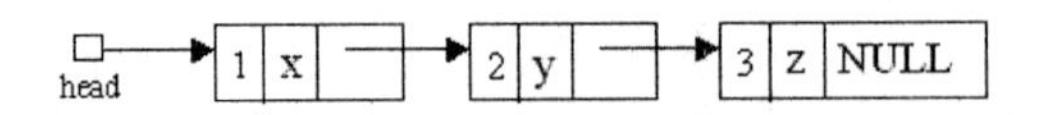

图 10.1　单向链表的构造

单向链表是由若干个结点构成的，每个结点具有相同的类型。每一个结点都是一个结构体类型的数据。结构体中必须有一个成员，其类型为指向结构体的指针变量，用来存放下一个结点的地址，其他成员可根据需要而设置。链表有一个头指针(head)，用来存放链表中第一个结点的地址，最后一个结点中存放空指针(NULL)，代表链表的表尾，也是对链表进行访问时的结束标志。例如，图 10.1 所示的每一个结点的结构可以这样描述：

```
struct   knot
{ int num;
  char class;
  struct knot *next;     /*必须有此成员*/
};
```

这个结构体类型有 3 个成员，其中成员 next 为指向结构体的指针变量，用来存放下一个结点的地址。

定义了结点结构之后，就可以定义指向结构体类型的指针变量。例如：

```
struct knot   *head，*p;
```

上述定义之后，编译系统只是给指针变量 head 和 p 分配了存储空间，而 head 和 p 并没有具体的指向。从图 10.1 中可以看出，一个单向链表只有一个头指针，从头指针开始，利用结点的成员 next，可以访问到链表中的所有结点。例如，要访问链表中第一个结点的各成员，可以表示为如下形式：

```
head->num,   head->class,   head->next
```

head->next 为指向第二个结点的指针变量。

要访问链表中第二个结点的各成员，可以表示为如下形式：

```
head->next->num,   head->next->class,    head->next->next
```

我们可以看到，head 和 head->next 的类型一样。如果要将一个头指针为 head 的链表中的所有结点的数据输出，可以使用下面的语句实现。

```
p=head;
while(p!=NULL)
{ printf("%d, %c\n", p->num, p->class);
   p=p->next;          /* p 将指向下一个结点 */
}
```

在对链表进行操作时经常需要动态地分配和释放结点，在 C 语言中提供了相应的函数来对内存空间的申请和释放。下面先来介绍这些函数。

10.4.1　内存分配和释放函数

1. malloc 函数

申请内存空间可以使用函数 malloc。对函数 malloc 的调用格式如下：

```
malloc(字节数)
```

malloc 函数的功能是从内存中申请一块指定字节大小的连续空间。如果函数调用成功，返回该存储块的首地址；如果申请空间失败，说明没有足够的空间可供分配，返回空指针 NULL。

malloc 函数的返回值为 void 类型指针，在使用该函数时，需要强制类型转换为所需的类型。例如，申请一个动态的整型存储单元可用如下语句：

```
int  * pi;
pi=(int*)malloc(sizeof(int));
```

申请 10 个动态的整型存储单元可用如下语句：

```
int  *pj;
pj=(int*)malloc(sizeof(int)*10);
```

申请一个动态的链表结点存储空间可用如下语句：

```
struct knot
{int num;
char class;
 struct knot  *next;
}
struct knot  *p;
p=(struct knot *)malloc(sizeof(struct knot));
```

上面使用的 sizeof 用于计算某个类型或变量所占的字节数。如上面的 sizeof(struct knot)为计算 struct knot 结构类型所占的字节数。而 malloc(sizeof(struct knot))的功能就是分配一个 struct knot 结构类型变量所占的内存空间。(struct knot *)为强制类型转换，将 malloc 函数的返回值转换为指向 struct knot 结构类型的指针。

在使用 malloc 函数时，需要在程序中加入#include<alloc.h>或#include<stdlib.h>的头文件。

2. free 函数

释放内存空间可以使用函数 free。对函数 free 的调用格式如下：

```
free (指针变量名)
```

free 函数的功能是释放“指针变量名”所指向的内存区域。

例如：

```
int * pi;
pi=(int*)malloc(sizeof(int));
free(pi);
```

在程序中，对于用 malloc 申请的空间，在使用完之后必须用 free 释放，所以 free 与 malloc 经常配对使用。

10.4.2　单向链表的操作

1. 链表的建立

单向链表的建立是通过不断的生成新结点、并将生成的新结点与已有的结点连接起来而完成的。

如图 10.2 所示的单向链表的每个节点可以用下面的结构体来实现：

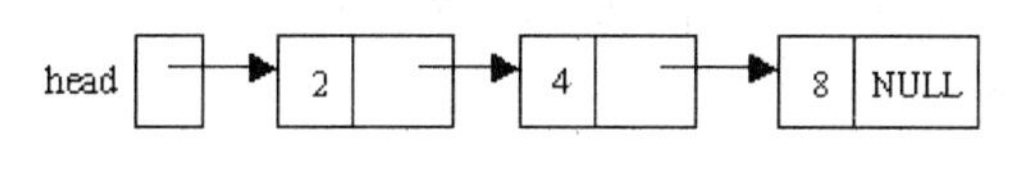

图 10.2　要建立的链表

```
struct node
{int num;
 struct node    *next;
}
```

单向链表可以用如下函数来实现：

```
struct node    *create_list()
 { int k=1, j;
   struct node    *head, *new, *p;
   head= (struct node *)malloc(sizeof(struct node)); /*为新结点申请内存空间*/
   if(head!=NULL)
      { scanf("%d ",&head->num);          /*输入第一个结点成员的值*/
         head->next =NULL;
         p=head;
      }
   else
     {
      printf("cannot create new node\n");
exit(0);
}
   printf("create No.1 node! (if input (-1) end create.)");
   scanf("%d",k);
   while(k!=-1)              /*若 k 的值不是-1 则继续创建新结点，否则结束创建*/
     {
      new=( struct node *)malloc(sizeof (struct node ));      /*为新结点申请内存空间*/
      if(new!=NULL)
         {scanf("%d ",&new->num);          /*输入新结点成员的值*
          new->next=NULL;
          p->next=new;
          p=new;
         }
      else
  {printf("cannot create new node!\n");
   exit(0);
   }
      printf("continue create next node?(if input (-1) end loop)");
      scanf("%d",&k);   /*若 k 的值不是-1 则继续创建新结点，否则结束创建*/
```

```
    }
  return (head);
}
```

2. 链表的插入

设 head 为一链表的头指针，链表中各结点按成员 num 值从小到大排列，现在要将一个新生成的结点插入链表中，为保证插入新结点后，所有结点仍按 num 值从小到大排列，新结点的插入可分为以下 3 种情况来讨论。设新结点的指针为 new。

(1) 新结点的 num 值最小，新结点插入后成为头结点，新结点的指针成为链表的头指针，如图 10.3 所示。

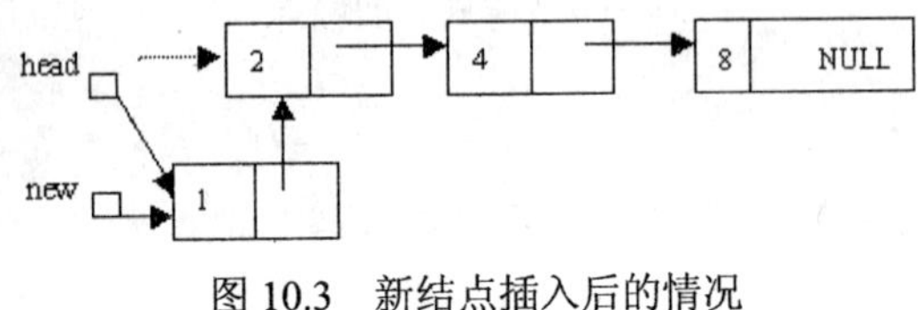

图 10.3　新结点插入后的情况

完成插入的语句如下：

```
new->next=head; head=new;
```

(2) 新结点的 num 值比链表中某一结点的 num 值小，但不是最小值，例如，新结点的 num 为 5，如图 10.4 所示，那么应将它插入 num 值为 8 的结点之前，所以应先从 head 出发找到待插入结点的位置 p，其前驱结点的指针为 q，然后再完成插入。

插入语句如下：

```
p=head;
while (p!=NULL && p->num<new->num)
    { q=p;    p=p->next;  }
new->next=p;
q->next=new;
```

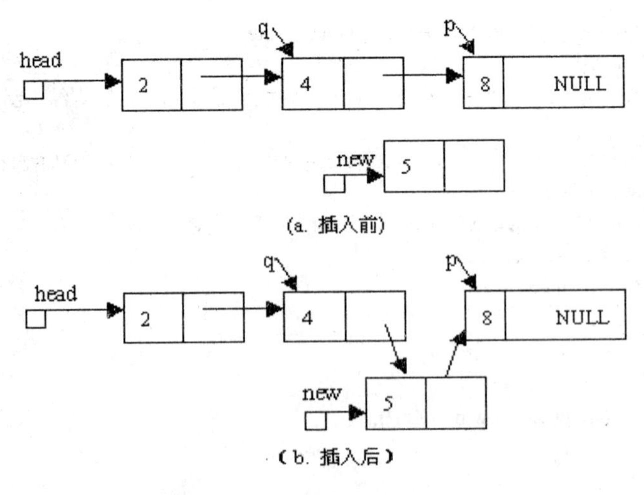

图 10.4　链表插入前后情况

(3) 新结点的 num 值最大，新结点应该插入链表的最后，其插入过程的语句与情况 2 的插入语句可以相同。

完整的插入函数如下：

```
struct node   *insert_list(struct node   *head,   int   num)
{
   struct node   *p, *new, *q;
   new=(struct node*)malloc(sizeof(struct node)); /*为新结点申请内存空间*/
   if(new!=NULL)
      {new->num=num;
        new->next=NULL;
        if (new->num<head->num||head==NULL)
           {new->next=head;
             head=new;                              /*将新结点插在表头*/
                  }
      else
         {p=head;
          while (p!=NULL&&p->num<new->num)       /*查找插入位置*/
              {q=p;
          p=p->next;
         }
     new->next=p;
       q->next=new;                              /*插在表中或表尾*/
               }
           return (head);
        }
    else
              {printf("cannot create new node\n");
    exit(0);
}
          }
```

3. 链表的删除

如果要从链表中删除一个结点，应先找到待删结点的位置，然后再完成删除。删除操作可分为以下两种情况。

(1) 待删结点为链表的头结点，删除完成后，链表的头指针发生了改变，如图 10.5 所示。

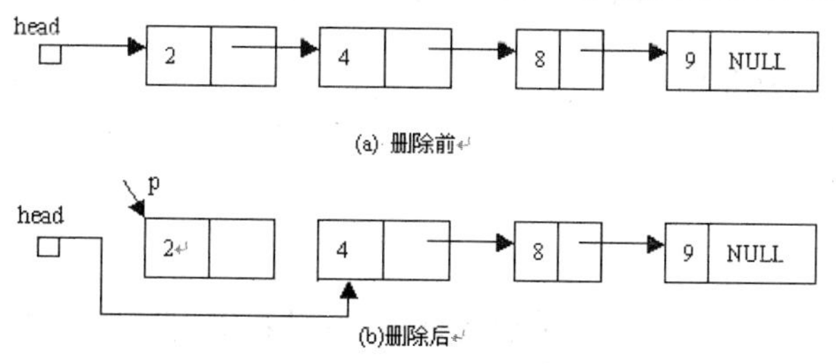

图 10.5　删除前后情况

删除语句如下：

```
head=head->next;
```

在删除的时候要注意将被删结点释放，这样，系统才可以重新分配这些单元，所以完整的删除语句如下：

```
p=head;
head=head->next;
free(p);
```

其中，函数 free(p)的作用是释放指针 p 所指向的结点所占用的内存空间。

(2) 待删除的结点为除头结点之外的任一结点，此时应先在链表中找到待删结点的前一结点，才可完成删除操作，删除完成后头指针并不改变。如图 10.6 所示，设要删除 num 为 6 的结点，其前一结点的指针为 q，将 num 为 6 的结点的 next 成员的值赋给 q 指向结点的 next 成员，即可完成删除操作。即执行“q->next=p->next;”即可。

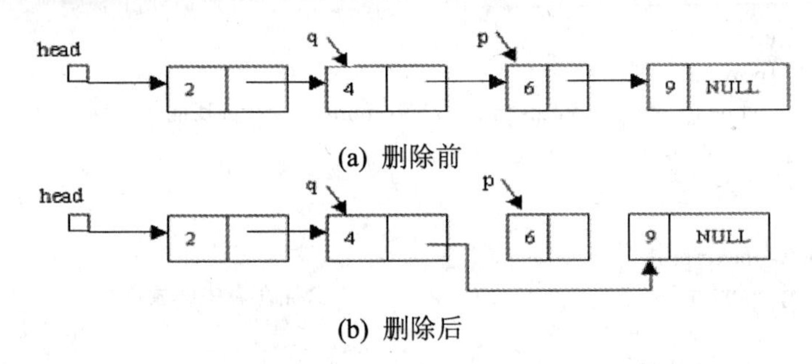

图 10.6　删除前后示意图

删除单项链表中结点值为 num 的函数如下：

```
struct node    *delete_list(struct node *head, int num)
{
   struct node    *p,*q;
   q=head;
   p=head->next;
   while(p&&(p->num!=num))
      {q=p;    p=p->next; }                  /*查找值为 num 的结点 p*/
   if(p)
      {q->next=p->next;    free(p); }        /*若找到，修改 p,q 指针的指向，释放 p*/
   else
      printf("\nnot find.");
   return(head);
}
```

4. 输出链表

只要从链表的头结点出发，依次输出各结点的值域，即可完成链表的输出，函数如下：

```
void display_list(struct node    *head)
{struct node    *p;

 p=head;
```

```
    while(p!=NULL)
      { printf("%d->", p->num);
        p=p->next;
      }
    }
```

如果链表如图 10.3 所示，则输出结果为：

```
1->2->4->8->
```

完成链表建立、插入、删除、输出的主函数如下：

```
#include <stdio.h>
#include <alloc.h>
struct node
{int num;
 struct node    *next;
};
int main()
{ struct node    *head;
  int num;
  head=create_list();                    /*建立链表并返回头指针*/
  display_list(head);                    /*输出链表*/
  printf("input the insert num\n");
  scanf("%d",&num);
  head=insert_list(head,num);            /*插入一个节点*/
  display_list(head);
  printf("input the delete num\n");
  scanf("%d",&num);
  head=delete_list(head,num);            /*删除一个节点*/
  display_list(head);
  return 0;
}
```

注意：建立链表时，输入各个结点的 num 值应从小到大排列。因为 insert_list()函数是根据 num 域的值有序而设计的。

思考：如何在链表中进行查找操作？如果想多次进行插入或删除操作，如何编程？

10.5 共用体和枚举类型

10.5.1 共用体

1. 共用体的概念

共用体是 C 语言中提供给用户自定义的又一种数据类型，顾名思义，即诸成员共同占用一段内存，共用体类型声明的格式如下：

```
union 共用体名
```

```
{
    成员列表;
};
```

与结构体相似，共用体变量定义也有 3 种格式：

(1) 先声明共用体类型，再定义变量

```
union  共用体名
{
成员表列;
};
    union 共用体名  变量列表;
```

(2) 声明共用体类型的同时定义变量

```
union  共用体名
{
 成员列表;
}变量列表;
```

(3) 直接定义变量

```
union
{
 成员列表;
}变量列表;
```

例如：

```
union union_type
    {int i ;
        long j ;
        char c[4] ;
     } x ;
```

x 为 union_type 共用体类型的一个变量。

2. 共用体变量的引用

和结构体变量引用方式相同，共用体变量的引用方式如下：

共用体变量名.成员名

例如，前面已定义的共用体变量的引用为 x.i、x.j、x.c[0]、x.c[1]、x.c[2]、x.c[3]等，引用的是 x 的成员。由它的成员看，i 占 2 个字节，j 占 4 个字节，c 也占 4 个字节。x 定义后，系统为它分配 4 个字节的内存(4 个字节是成员中占内存数最大的内存单元)。如图 10.7 所示为共用体变量的存储分配。

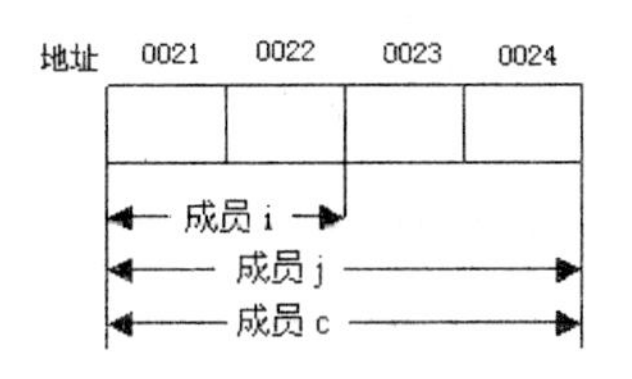

图 10.7　共用体变量的存储分配

成员 i、j、c 共同使用这 4 个字节的内存单元。在某一时刻，只能由 i、j、c 其中的某一个成员占用。

现简单举例说明：

```
union gy
  { int a;
    char b;
    float c;
  }x ;
```

x 占用 4 个字节，执行下面的语句后：

```
x.a=5;
x.b='c';
x.c=2.718;
```

这 4 个字节中存储的是成员 c 的值。

3. 共用体类型数据的特点

由以上叙述可知，共用体类型的数据具有以下重要特点：

(1) 它的定义和引用格式与结构体相似。

(2) 共用体和结构体在占用内存单元上有较大的差别，结构体变量所占内存单元等于各成员所占内存单元之和，而共同体变量所占内存单元是取各成员所占内存的最大值，例如，上面的共用体变量 x 占 4 个字节，成员 a、b、c 分别占 2、1、4 个字节，最大值是 4。该内存单元由各成员分时享用。

(3) 共用体变量中起作用的成员是最后一次存放的成员。

(4) 很显然，共用体变量的地址和它的成员地址都是同一地址，如上例中 &x、&x.a、&x.b、&x.c 是同一个地址。

(5) 共用体变量不能进行初始化，也不能作函数的参数，也不能使函数带回共用体变量值。但可以用指向共用体变量的指针，这点与结构体相同。

(6) 共用体中可以有结构体类型成员。结构体中也可以有共用体类型成员 。

最后，我们举例说明共用体在实际中是如何使用的。

例 10.4　假设在某单位中有管理人员、技术人员和工人，分别定义它们的数据结构。定义数据结构时所用到的结构体类型成员如下。

(1) 管理人员的结构如下：

```
struct manager_type
```

```
{char position[11];                /*职务*/
 char rank[21] ;                   /*级别*/
};
```

(2) 技术人员的结构如下：

```
struct technician_type
{ char tech_post[11];              /*职称*/
char degree[11];                   /*学位*/
  char major[11];                  /*专业*/
};
```

(3) 工人的结构如下：

```
struct worker_type
    { char speciality[11];         /*工种*/
      int rank;                    /*级别*/
      char education[11];          /*文化程度*/
    };
```

(4) 定义一个分类档案数据结构为共用体，如下：

```
union sort_type
  { struct manager_type    m;
    struct technician_type    t;
    struct worker_type    w;
   };
```

(5) 定义出生日期的结构如下：

```
struct date
      { int year;
        int month;
        int day;
      }
```

(6) 利用上述定义，建立一个职工档案数据结构，如下：

```
struct employee_type
{ char   name[8];
 int   sex;
 struct   date birthday;
 int   type;
 union sort_type    d;
 };
```

上面的结构体类型中有 union sort_type 共用体类型成员 d，这样，在编写程序时，可以给定 type(职工类型)的值，根据不同的 type 值，使用共用体中的不同成员。

10.5.2 枚举类型

枚举类型是 C 的新标准所增加的一种简单类型。它的类型声明、变量定义与结构体、共用体十分相似，其一般形式如下：

```
enum  标识符
{枚举元素, 枚举元素,  ......  };
```

其中，枚举元素为标识符。例如：

```
enum color
 { red,  blue,  green,  black  };
enum color  pen,book;
```

这里声明了 enum color 这个枚举类型，定义了 pen 和 book 两个变量为 enum color 类型(同样可以模仿定义结构体变量的另外两种方法定义枚举类型变量)。

注意：枚举表中每个元素均为常量，也叫枚举常量。这些元素组成枚举表。如果在声明时不加特别赋值说明，则从第一个枚举元素开始，其值依次为：0、1、2、……。如果为某一枚举元素用等号赋一特殊值，其后元素没有赋值，则后边元素值依次加 1。若后边元素另有赋值，则以赋值为准。

枚举类型变量的取值只能是枚举表中的值之一。如 pen 取值为 red，可以写成 pen=red;(但不能写成 pen=0)。

我们可以使用“printf(“\n%d”,pen); ”输出枚举值。这里，pen 是指上述定义的枚举类型变量，经“pen=red ; ”赋值后，打印结果为 0。

枚举值可以进行判断比较，例如：if(pen>=book)比较时按声明枚举类型时所赋的值决定大小，如果“pen=red;book=black;”，则 pen>=book 为假。

因为枚举值起到见名知义的优点，且可限制变量的取值范围，一旦取值超过范围，可立即给出错误提示。所以枚举变量在许多场合下使用非常方便。

例 10.5　编程输出表示一周中的每一天的英文单词。

程序代码如下：

```
#include <stdio.h>
int main()
 {enum week{sun,mon,tue,wed,thu,fri,sat};
  enum week  wk;
  char *name[ ]={"Sunday","Monday", "Tuesday", "Wednesday",
                  "Thursday", "Friday", "Saturday" };
  for(wk=sun; wk<=sat; wk++)
     printf("\n%2d: %s", wk, name[wk]);
  return 0;
 }
```

输出结果如下：

```
0: Sunday
1: Monday
2: Tuesday
3: Wednesday
4: Thursday
```

```
5: Friday
6: Saturday
```

10.6　用 typedef 声明类型

用 typedef 声明类型实际上是用 typedef 声明的新类型名代替已有的类型名，也即为已有的类型名起一个别名。例如：

```
typedef  int  INTEGER
typedef  float  REAL
```

这样声明新类型后，可以用如下形式定义整型变量 i、j 和实型变量 a、b：

```
INTEGER  i,j;
REAL a,b;
```

显然这种声明带来的好处并不大。但诸如结构体、共用体、枚举类型变量的定义，则可大大简化。例如：

```
typedef  struct
   {int mouth;
    int day;
    int year;
   }DATE;
```

这样声明后，可以用 DATE 代替原结构体类型，直接用 DATE 来定义结构体类型变量，相对简单一些。例如：

```
DATE  birsday, *p;
```

birsday 为上述结构体类型 DATE 的变量，p 为可指向上述类型 DATE 的指针变量。

声明数组类型与前面的类型声明格式稍有差别，例如：

```
typedef  char  STRING[81];
```

声明了 STRING 类型，它是一个具有 81 个字符的数组类型，则：

```
STRING  text;
```

说明 text 是一个具有 81 个字符的字符数组。

声明新类型名的方法如下：

(1) 先按定义变量的步骤写出语句(例如：float　a;)；

(2) 将变量换成新类型名(例如 float　REAL;)；

(3) 在前面加上 typedef(例如 typedef float REAL;)；

(4) 声明成功，可以用新类型名去定义变量(例如“REAL　a, b;”定义 a, b 是单精度实型变量)。

10.7　程序设计举例

例 10.6　某仓库的产品信息如表 10.3 所示，使用结构体数组编程，首先将表中数据输入，然后计算并输出产品库存数量总和，最后，分别根据产品名或产地查找并输出产品信息。

表 10.3　仓库产品信息表

产 品 名	产　　地	进货单价(元/吨)	库存数量(吨)
面粉	山东	3400	280
大米	黑龙江	3600	300
食盐	浙江	1600	200
…	…	…	…

```
#include <stdio.h>
#define N 100     /*假设产品的种类数小于 100 种*/
struct product
{ char name[10];
  char place[10];
  int price;
  long count;
}a[N];
int num;          /*num 存储库存产品的实际种类数*/
void fun1()
{int i, k=0;   num=0;
 for (i=0;i<N;i++)
    {printf("输入产品名\n"); gets(a[i].name); getch();
     printf("输入产地:\n"); gets(a[i].place);
     printf("输入进货单价(元/吨)\n"); scanf("%d",&a[i].price);
     printf("输入库存数量(吨)\n"); scanf("%ld",&a[i].count);
     num=num+1;
     printf("若结束输入请按 1，若继续输入请按 0。\n"); scanf("%d",&k);
     if (k==1) break;
    }
 return;
}
void fun2()
 {int i; long sum=0;
  for (i=0;i<num;i++)
      sum=sum+a[i].count;
  printf("库存产品数量总和=%ld\n",sum);
  return;
 }
void fun31()
 {int i; char pron[10];
  printf("------请输入产品名："); gets(pron);
  for (i=0;i<num;i++)
     if (strcmp(pron,a[i].name)==0)
```

```
printf("%s,%s,%d,%ld\n",a[i].name,a[i].place,a[i].price,a[i].count);
        return;
      }
      void fun32()
      {int i; char pron[10];
        printf("------请输入产地："); gets(pron);
        for (i=0;i<num;i++)
          if (strcmp(pron,a[i].place)==0)

printf("%s,%s,%d,%ld\n",a[i].name,a[i].place,a[i].price,a[i].count);
        return;
      }
      void fun3()
      {int se;
        while(1)
          {printf("------按产品名或产地查找并输出产品信息------\n");
            printf("------1.按产品名查找并输出产品信息------\n");
            printf("------2.按产地查找并输出产品信息------\n");
            printf("------3.结束查找，返回上一级操作。------\n");
            printf("------请选择(1，2，3):");scanf("%d",&se);
            if (se==1) fun31();
            else if (se==2) fun32();
            else break;
          }
        return;
      }
    int main()
    { int se ;
        while (1)
          {printf("------库存产品信息管理------\n:");
           printf("------1.输入库存产品信息------\n");
           printf("------2.计算并输出库存产品数量总和------\n");
           printf("------3.查找并输出产品信息------\n");
           printf("------4.结束操作------\n");
           printf("请选择(1,2,3,4)：");   scanf("%d",&se);
           if (se==1)    fun1();
           else if (se==2) fun2();
           else if (se==3) fun3();
           else if (se==4) break;
           else    {printf("选择有误!请重新选择!\n"); continue; }
          }
        printf("谢谢使用!再见!\n");
        return 0;
    }
```

本程序的主函数 main 分别调用了函数 fun1、fun2、fun3，而函数 fun3 又分别调用了函数 fun31 和 fun32。最低一级的函数(不需要调用其他函数的函数)完成具体的工作；非最低一级的函数主要是显示提示信息和调用下级函数。

思考：根据本程序，结合例 7.17、例 7.18 和例 9.17，思考如何能使程序的结构清晰、容易编写且容易读懂。

10.8 习 题

一、阅读程序，写出运行结果

```
1. #include <stdio.h>
   struct jgt {int a; int b; } sz[2]={1, 3, 2, 7};
   int main()
{printf ("%d\n",sz[0].b*sz[1].a); return 0;}
```

```
2. #include <stdio.h>
struct stu {int num;   char name[10];   int age; };
   void   fun (struct stu *p)
      {printf("%s\n", (*p).name);   }
  int main()
  {struct stu   students[3]
={{0201,"Zhang",20},{0202,"Wang",19},{0203,"Zhao",18}};
   fun(students+2);
   return 0;
  }
```

```
3. #include<stdio.h>
   int main()
  {union   {long i;   int   k;    char ii;    char   s[4]; } mix;
   mix.i=0x12345678;   printf("mix.i=%lx\n",mix.i);
   printf("mix.k=%x\n",mix.k); printf("mix.ii=%x\n",mix.ii);
   printf("mix.s[0]=%x\ t mix.s[1]=%x\n",mix.s[0],mix.s[1]);
   printf("mix.s[2]=%x\ t mix.s[3]=%x\n",mix.s[2],mix.s[3]);
   return 0;
  }
```

```
4. enum   color {red, yellow, green, blue ,white, black};
char *name[ ]=
{"red","yellow","green","blue","white","black"};
int main()
{enum color co1 ,co2;   co1= green;   co2= black;
  printf("%d , %d ,\t" , co1 , co2);
printf("%s , %s\n" , name[(int)co1] , name[(int)co2]);
return 0;
 }
```

二、编写程序

1. 有 100 种商品的数据记录，每个记录包括“商品编号”、“商品名”、“单价”和“数量”。请用结构体数组实现对每种商品总价(总价=单价*数量)的计算。

2. 有若干个学生的数据，每个学生的数据包括“学号”、“姓名”和 3 门课的成绩。请计算每个学生 3 门课的平均成绩，然后输出每个学生的数据(包括平均成绩)。

3. 有若干个学生的数据，每个学生的数据包括“学号”、“姓名”和 3 门课的成绩。请用结构体数组和结构体指针变量编程：输出有不及格课程的学生的“学号”、“姓名”。

4. 编写一个函数，将 unsigned long 型整数的前 2 个字节和后 2 个字节分别作为两个 unsigned int 型整数输出(每个 unsigned int 型整数占 2 个字节)。

5. 创建一个链表，每个结点包括数据域和指针域，其中数据域类型为整型。

6. N 个人(每个人有一个编号，按顺序取 1 到 N 之间的一个自然数)围成一圈，从第 1 个人开始顺序报号 1、2、3、…、M，凡报到“M”者退出圈子；然后留在圈子里的从下一个人开始继续顺序报号 1、2、3、…、M，报到“M”者又退出圈子，如此继续，直到圈子里只有一个人。打印最后留在圈子里的人的编号。

7. 设有一个教师与学生通用的表格，教师数据有姓名，年龄，专业，教研室 4 项。学生有姓名，年龄，专业，班级 4 项。编程输入人员数据，再以表格形式输出。

第11章 位 运 算

位是指二进制的一位(bit)，其值为 0 或 1，计算机真正执行的正是由 0 和 1 组成的机器指令，计算机内的数据也是用二进制表示的。C 语言除了具有一般高级语言功能之外，还有一个重要特点就是具有某些低级语言的功能，它可以直接对二进制位进行操作，这使得用它描述系统程序十分方便。

在位运算时需要注意的是：我们所用的数在计算机内都是以补码的形式存储的。

11.1 位 运 算 符

C 语言中有多种位运算符，可以实现按位取反、移位等功能，表 11.1 列出了 C 语言的位运算符。

表 11.1　C 的位运算符

<table>
<tr><th>位运算符</th><th>功　能</th><th>举　例</th></tr>
<tr><td>~</td><td>按位取反</td><td>~a：对变量 a 的全部位取反</td></tr>
<tr><td><<</td><td>左移</td><td>a<<2：将变量 a 的各位全部左移 2 位，高位丢失，低位补 0</td></tr>
<tr><td>>></td><td>右移</td><td>a>>2：将变量 a 的各位全部右移 2 位，对于无符号数和正整数，高位补 0；对于负整数，高位补 1(适用于 turbo c 系统)</td></tr>
<tr><td>&</td><td>按位与</td><td>a&b：对 a 与 b 的各对应位进行“与”运算</td></tr>
<tr><td>|</td><td>按位或</td><td>a|b：对 a 与 b 的各对应位进行“或”运算</td></tr>
<tr><td>^</td><td>按位异或</td><td>a^b：对 a 与 b 的各对应位进行“异或”运算</td></tr>
</table>

11.2 位 运 算

11.2.1　按位取反运算

取反运算“~”是一个单目运算符，运算量在运算符之后，取反运算的功能是将一个数据中的所有位(包括最高位)都取其相反值，即 1 变 0，0 变 1。

运算规则为：~1=0　~0=1

例 11.1　对于无符号数 $a=(18)_{10}=(00010010)_2$，则$\sim a=(11101101)_2=(237)_{10}$。

计算本问题的程序如下：

```
#include <stdio.h>
int main()
{unsigned char   a=18,b;
 b   a;
 printf("~a=%d",b);
 return 0;
}
```

运行结果输出如下信息：

```
~a=237
```

注意以下程序与上面程序及运行结果的区别：

```
#include <stdio.h>
int main()
{char   a=18,b;
 b=~a;
 printf("~a=%d",b);
 return 0;
}
```

运行结果如下：

```
~a=-19
```

前一个程序结果很好理解，后一个因为 a 是带符号数，因此$\sim a=(11101101)_2$的结果是一个负数的补码，转换为原码时，第 1 位符号位不变，对剩余的部分先减 1，再全部取反，因此，得到的二进制原码为：10010011，即十进制的-19。

11.2.2　左移运算

左移运算“<<”是一个双目运算符，左移运算的功能是将一个数据所有位向左移若干位，左边(高位)移出的部分舍去，右边(低位)自动补零。

例 11.2　无符号数 $a=(18)_{10}=(00010010)_2$，则 a<<3 结果是$(10010000)_2=(144)_{10}$。

计算本问题的程序如下：

```
#include <stdio.h>
int main()
{unsigned char   a=18,b;
 b=a<<3;
 printf("a<<3=%d",b);
}
```

运行结果如下：

```
a<<3=144
```

注意以下程序与上面程序及运行结果的区别：

```
#include <stdio.h>
int main()
{char   a=18,b;
 b=a<<3;
 printf("a<<3=%d",b);
 return 0;
}
```

运行结果如下：

```
a<<3=-112
```

原因同前，对于带符号数 a，因 a<<3 得到的$(10010000)_2$，的是一负数的补码，转换为原码时，第 1 位符号位不变，对剩余的部分先减 1，再全部取反，因此得到的二进制原码为：11110000，即十进制的-112。

对于无符号数来说，在左移的过程中如果没有高位的丢失。左移 1 位相当于乘 2，左移 2 位相当于乘 4。左移运算速度较快，因此，有些 C 编译系统自动将乘 2 的操作用左移 1 位来实现，将 2^n 幂运算用左移 n 位来实现。

11.2.3　右移运算

右移运算“>>”是一个双目运算符，右移运算的功能是将一个数据的所有位向右移若干位，右边(低位)移出的部分舍去，左边(高位)移入的二进制数分两种情况：对于无符号数和正整数，高位补 0；对于负整数，高位补 1(适用于 turbo c 系统)。

例 11.3　对于无符号数 a=$(18)_{10}$=$(00010010)_2$，则 a >>3 结果是$(00000010)_2$=$(2)_{10}$ 。

计算本问题的程序如下：

```
#include <stdio.h>
int main()
{unsigned char   a=18,b;
 b=a>>3;
 printf("a>>3=%d",b);
 return 0;
}
```

运行结果如下：

```
a>>3=2
```

思考：如果本例中，改为有符号数，结果会相同吗，如果 a=-18，则两次结果又会怎样，为什么？

同样，对于无符号数来说，在右移过程中，如果没有低位的丢失，则每右移 1 位，相当于除以 2，右移 2 位相当于除以 4。

11.2.4　按位与运算

按位“与”运算符要求有两个运算量，其功能是将两个运算量的各个对应位分别进行“与”运算。

运算规则为：1&1=1　0&1=0　1&0=0　0&0=0

例 11.4　对于无符号数 $a=(173)_{10}=(10101101)_2$，$b=(203)_{10}=(11001011)_2$，则 $a\&b=(10001001)_2=(137)_{10}$。

计算本问题的程序如下：

```
#include <stdio.h>
int main()
{unsigned char   a=173,b=203,c;
 c=a&b;
 printf("a&b=%d",c);
 return 0;
}
```

运行结果为：a&b=137

```
   10101101
 & 11001011
 ----------
   10001001
```

例 11.5　对于有符号数 $a=(-83)_{10}=(10101101)_2$，$b=(-53)_{10}=(11001011)_2$，则 $a\&b=(10001001)_2=(-119)_{10}$。(10101101 是-83 的补码，11001011 是-53 的补码。)

计算本问题的程序如下：

```
#include <stdio.h>
int main()
{char   a=-83,b=-53,c;
 c=a&b;
 printf("a&b=%d",c);
 return 0;
}
```

运行结果为：a&b=-119

11.2.5　按位或运算

按位“或”运算符要求有两个运算量，其功能是将两个运算量的各个对应位分别进行“或”运算。

运算规则为：1|1=1　0|1=1　1|0=1　0|0=0

例 11.6　对于无符号数 $a=(173)_{10}=(10101101)_2$，$b=(203)_{10}=(11001011)_2$，则 $a|b=(11101111)_2=(239)_{10}$。

```
  10101101
| 11001011
----------
  11101111
```

计算本问题的程序如下：

```
#include <stdio.h>
int main()
{unsigned char   a=173,b=203,c;
 c=a|b;
 printf("a|b=%d",c);
 return 0;
}
```

运行结果为：a|b=239

例 11.7　对于有符号数 $a=(-83)_{10}=(10101101)_2$，$b=(-53)_{10}=(11001011)_2$，则 $a|b=(11101111)_2=(-17)_{10}$。

计算本问题的程序如下：

```
#include <stdio.h>
int main()
{char   a=-83,b=-53,c;
 c=a|b;
 printf("a|b=%d",c);
 return 0;
}
```

运行结果为：a|b=-17

11.2.6　按位异或运算

按位“异或”运算符要求有两个运算量，其功能是将两个运算量的各个相应位分别进行“异或”运算。

运算规则为：1^1=0　0^1=1　1^0=1　0^0=0

例 11.8　对于无符号数 $a=(173)_{10}=(10101101)_2$，$b=(203)_{10}=(11001011)_2$，则 $a\hat{}b=(11101111)_2=(102)_{10}$。

```
  10101101
^ 11001011
----------
  01100110
```

计算本问题的程序如下：

```
#include <stdio.h>
int main()
{unsigned char   a=173,b=203,c;
 c=a^b;
 printf("a^b=%d",c);
 return 0;
```

```
}
```

运行结果为：a^b=102

思考：如果本例中，改为有符号数，结果会相同吗，为什么？

11.3　位运算应用举例

例 11.9　对内存中的二进制数“01010100”进行下列操作：

(1) 用“按位与”实现，把存储此二进制数的内存单元清零；把此二进制数的 2 到 4 位取出(从 0 位开始)；把此二进制数的 2、3、5 位留下。

(2) 用“按位或”运算把此二进制数后四位置 1。

要把存储此二进制数的内存单元清零，与 0 按位与即可，其运算过程如下：

```
  01010100
& 00000000
----------
  00000000
```

要取出二进制数 2 到 4 位，与 00011100 进行按位与即可，其运算过程如下：

```
  01010100
& 00011100
----------
  00010100
```

要把二进制数 2、3、5 位留下，与 00101100 进行按位与即可，其运算过程如下：

```
  01010100
& 00101100
----------
  00000100
```

把此二进制数后四位置 1，与 00001111 进行按位或即可，其运算过程如下：

```
  01010100
| 00001111
----------
  01011111
```

例 11.10　编程将一个十六进制整型数转换为二进制数。设该整型数占 16 位。

将十六进制数转换为二进制数的方法很多，这里我们利用位运算来进行处理，思路如下：对一个十六进制整型数 n 的二进制(16 位)形式从最高位到最低位的每一位进行测试，依次求出其值即可。具体方法：设置一个屏蔽字 mask(二进制为 1000　0000　0000　0000。其相应的十六进制形式为 0x8000)，将 mask 与 n 进行“与”运算得出的值如为 0 则最高位为 0，否则最高位为 1；再将 mask 右移一位后，与 n 进行“与”运算得出次高位，依此类推，求出每一位的值。

计算本问题的程序如下：

```
#include <stdio.h>
int main()
```

```
{unsigned int i,n,b,mask;
 mask=0x8000;
 printf("Input a hex number to convert:");
 scanf("%x",&n);
 printf("\nBinary of   %0x   is:",n);
 for(i=0;i<16;i++)
    {b=(mask&n)?1:0;
     printf("%d",b);
     if(i==7) printf("-");
     mask=mask>>1;
    }
return 0;
}
```

运行情况如下：

```
Input a hex number to convert: ff
Binary of   ff   is: 00000000-11111111
Input a hex number to convert: 127
Binary of   127   is:00000001-00100111
```

例 11.11　循环移位。

所谓循环移位是指在移位时不丢失移位前原数据的所有位，将其作为另一端的补入位。如将 11110000 循环右移 2 位，则结果应为：00111100。

实现将无符号数 a 循环右移 n 位的方法如下：(如图 11.1 所示)

(1) 将 a 左移 16-n 位存入 b 中；

(2) 将 a 右移 n 位存入 c 中；

(3) 将 b 与 c 按位进行“或运算”，结果便为所需结果。

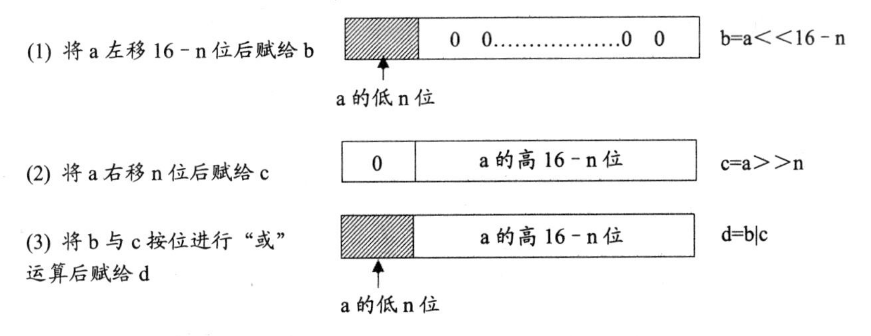

图 11.1　循环移位示意图

计算本问题的程序如下：

```
#include <stdio.h>
int main()
{unsigned int n,a,b,c,d;
 printf("Input a Hex number:");
 scanf("%x",&a);
 printf("\nInput the number of bit to move:");
 scanf("%d",&n);
```

```
    b=a<<16-n;
    c=a>>n;
    d=b|c;
    printf("\nThe result of move:%x",d);
    return 0;
}
```

运行情况如下：

```
Input a Hex number:f2d3
Input the number of bit to move:3
The result of move:7e5a
```

11.4 位段结构

1. 位段结构的概念

位段结构是一种结构体类型，只不过是在结构体中含有以位为单位定义存储长度的成员。采用这种结构可以节省存储空间和方便某些特定的操作。

2. 位段结构的定义

位段结构中位段的定义如下：

```
unsigned    <成员名> : <二进制位数>
```

例如，定义如下位段结构：

```
struct bytedata
{ unsigned  a : 2;   /*占 2 位*/
  unsigned  b : 1;   /*占 1 位*/
  unsigned  c : 3;   /*占 3 位*/
  unsigned  d : 2;   /*占 2 位*/
}
```

其存储结构如图 11.2 所示。

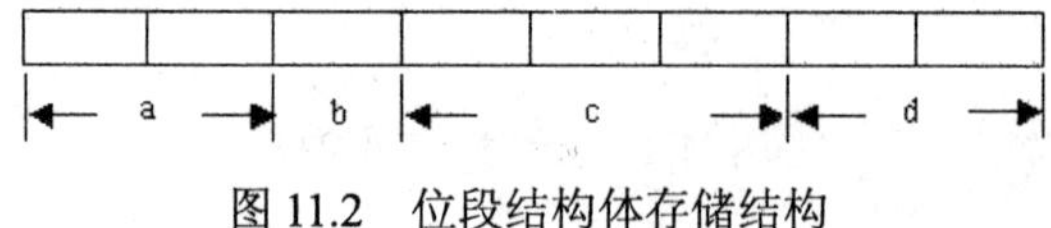

图 11.2　位段结构体存储结构

如果需要还可以跳过某些不用的位，只要将这些位段不指定位段名就无法引用。例如：

```
struct bytedata
{ unsigned  a : 2;   /*占 2 位*/
  unsigned  b : 1;   /*占 1 位*/
  unsigned    : 3;   /*占 3 位，但无位段名，不能引用*/
  unsigned  d : 2;   /*占 2 位*/
```

```
}
```

其存储结构如图 11.3 所示。

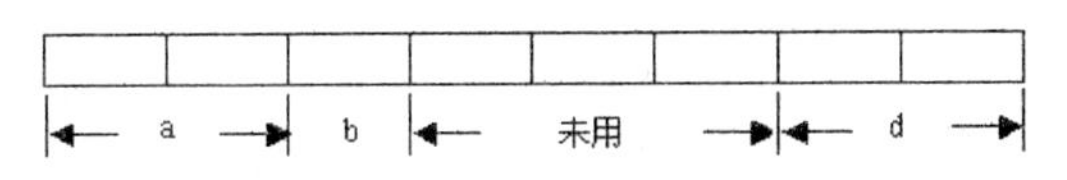

图 11.3 含不可用位段的位段结构体存储结构

如果某一位段为位数为 0 的无名位段，则表示其下一个位段从另一个字节开始。还可以在一个结构体中混用位段与普通结构体成员，例如：

```
struct bytedata
{int i;                 /*i 非位段，整型，占 2 个字节*/
  unsigned   a : 2;     /*a 占 2 位*/
  unsigned   b : 1;     /*b 占 1 位*/
  unsigned     : 0;     /*无名，0 长度，表示下一个位段从下一个字节开始*/
  unsigned   c : 2;     /*c 从第 4 个字节开始占 2 位*/
}
```

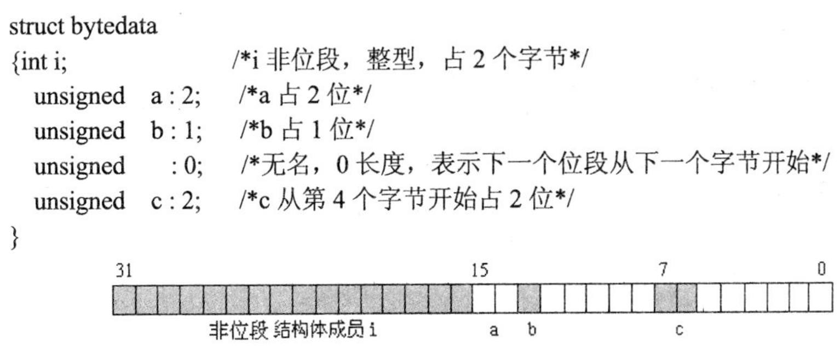

图 11.4 混合结构体存储结构

3. 位段的引用

对位段的引用方法与引用结构体变量中的成员相同。若定义变量 data 如下：

```
struct bytedata data;
```

可以用下面的形式引用各成员：

```
data.i、 data.a、data.b、data.c
```

在对位段赋值时，要注意每一个位段能存储的最大值。如：data.a 的最大值为 3、data.b 的最大值为 1。对超过的值，只取其相应的低位，如将 6(即二进进制数 110)赋给 data.a，则其存储的实际值为低 2 位(10)，即 2。

11.5 习 题

一、阅读程序，写出运行结果

```
1. #include <stdio.h>
int main()
{int a,b; a=077; b=a&3;
   printf("\40: The a & b(decimal) is %d \n",b);
   b&=7;
   printf("\40: The a & b(decimal) is %d \n",b);
   return 0;
```

```
}
```

```
2. #include <stdio.h>
int main()
{int a,b; a=077; b=a|3;
   printf("\40: The a & b(decimal) is %d \n",b);
   b|=7;
   printf("\40: The a & b(decimal) is %d \n",b);
   return 0;
}
```

```
3. #include <stdio.h>
int main()
{int a,b; a=077; b=a^3;
   printf("\40: The a & b(decimal) is %d \n",b);
   b^=7;
   printf("\40: The a & b(decimal) is %d \n",b);
   return 0;
}
```

```
4.#include <stdio.h>
int main()
{int a,b; a=234; b=~a;
   printf("\40: The a's 1 complement(decimal) is %d \n",b);
   a=~a;
   printf("\40: The a's 1 complement(hexidecimal) is %x \n",a);
   return 0;
}
```

```
5. #include <stdio.h>
int main()
{unsigned a,b;
printf("input a number: "); scanf("%d",&a);
b=a>>5; b=b&15;
printf("a=%d\tb=%d\n",a,b);
return 0;
}
```

二、编写程序

1. 取整数 a 从右端开始的 4~7 位。(注意：位号是从 0 开始的, 右端开始是第 0 位，然后是第 1 位，第 2 位，…)

2. 输入一个八进制整数 a(大于 0 且小于 77777)，将其二进制形式左边第 k 位数码取出来，然后以八进制形式输出。例如若 a=17325(二进制形式为 0001111011010101)，若 k=6，则取出来的是 1，以八进制形式输出为 1；若 k=8，则取出来的是 0，以八进制形式输出为 0。

3. 输入一个八进制整数 a(大于 0 且小于 77777)，将其二进制形式从左边第 k1 位到 k2 位之间的数码取出来，然后将这些数码按原位置关系组成的二进制数以八进制形式输出。例如，a=17325(二进制形式为 0001111011010101)，k1=6，k2=9，则取出来的是 1101，以八进制形式输出为 15。

4. 输入一个八进制无符号整数 a，再输入一个十进制整数 n(大于等于-16 且小于等于

16)。n>0 时将 a 的二进制形式循环右移 n 位，n<0 时将 a 的二进制形式循环左移 n 位。例如，若输入 a 等于$(53267)_8$，则 a 的二进制形式为(0101011010110111)，若输入 n=3，循环右移后 a 变为(1110101011010110)，即八进制数$(165326)_8$；若输入 n=-4，循环左移后 a 变为(0110101101110101)，即八进制数$(65565)_8$。

第12章　文　件

12.1　文件概述

12.1.1　文件

文件是程序设计中的一个重要概念，所谓“文件”是指存储在外部介质(如磁盘)上的一组相关数据的集合，为了便于定位这组数据，通常要为它取一个名称，即文件名。操作系统就是以文件为单位对数据进行管理的，如果要获取存储在外部介质上的数据，必须按文件名找到存放该数据的文件，然后再从文件中读取数据。

从用户的角度来看，文件可以分为普通文件和设备文件。

普通文件是驻留在外部介质上的有序数据集，它可以是源文件、目标文件、可执行程序，也可以是一组待输入的原始数据，或者是一组输出结果。前者通常称为程序文件，后者则可称为数据文件。

设备文件是指与主机相连的各种外部设备，如显示器、键盘等，对于操作系统而言，每一个与主机相连的输入/输出设备都是一个文件，其输入输出等同于文件的读和写操作。例如，通常将显示器定义为标准输出文件，将键盘定义为标准输入文件。我们前面使用的printf()、putchar()等 C 函数就是输出到标准输出文件(即显示器)，scanf()、getchar()等 C 函数就是从标准输入文件(即键盘)输入数据。

12.1.2　数据文件的存储形式

从文件的编码方式来看，文件可以分为 ASCII 码文件和二进制文件两种。ASCII 码文件也称为文本文件，这种文件在磁盘中存储时每个字符对应一个字节，存放的是该字符的 ASCII 码值；二进制文件则是把内存中的数据按其在内存中的存储形式原样输出到磁盘上存放。ASCII 码文件的内容可以在屏幕上按字符显示，例如，C 源程序文件就是 ASCII 文件，在 windows 中可以直接用记事本打开阅读。由于 ASCII 码文件是按字符显示的，因此能读懂其内容，而二进制文件虽然有时也能显示在屏幕上，但其内容却无法直接读懂。例如，数字 1234 的几种存储形式如图 12.1 所示。

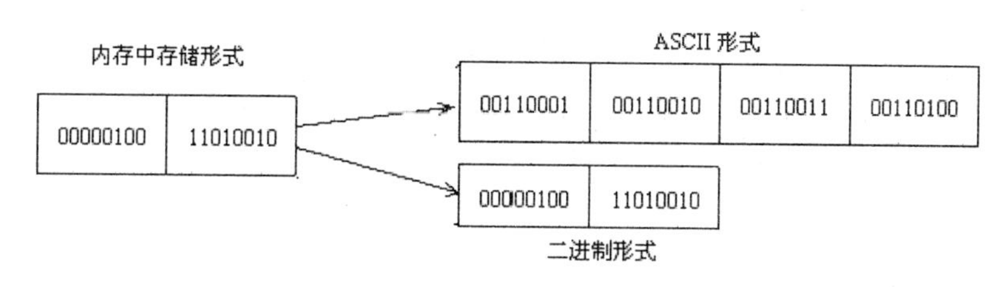

图 12.1　数据的存储形式

在图 12.1 中，00110001、00110010、00110011、00110100 分别是字符‘1’、‘2’、‘3’、‘4’的 ASCII 码值的二进制形式。

存储内容用 ASCII 码形式输出时，其字节与字符一一对应，一个字节代表一个字符，便于对字符进行逐个处理，也便于输出字符，但一般占用的存储空间较多，而且要花费转换时间。用二进制形式输出，则可以节省外存空间和转换时间，但一个字节与字符无一一对应关系，不能直接输出字符形式。一般中间结果数据需要暂时保存在外存上时，常用二进制文件保存。

因为 C 文件是一串字节流或二进制流，所以 C 系统在处理这些文件时，并不区分类型，都看成是字符流，按字节进行处理。输入输出字符流的开始和结束只由程序控制而不受物理符号(如回车符)的控制，即在输出时不会自动增加回车换行符以作为记录结束的标志，输入时不以回车换行符作为记录的间隔。我们把这种文件称作“流式文件”。C 语言允许对文件存取一个字符，有很强的灵活性。

12.1.3　标准文件与非标准文件

在老版本的 C(如 Unix 下的 C)中，对文件的处理方式有两种：一种是缓冲文件系统——又称标准文件系统，另一种是非缓冲文件系统——又称非标准文件系统。

所谓“缓冲文件系统”是指系统自动地在内存区为每一个正在使用的文件开辟一个缓冲区，从内存向磁盘输出数据时必须先送到内存的缓冲区，缓冲区装满数据后，再一起送到磁盘中去。同样，从磁盘向内存中读入数据时，则一次从磁盘文件中将一批数据读入到缓冲区，然后再从缓冲区逐个地将数据送到程序数据区(给程序中的变量)，如图 12.2 所示。缓冲区的大小随 C 的版本不同而不同，一般为 512 字节。

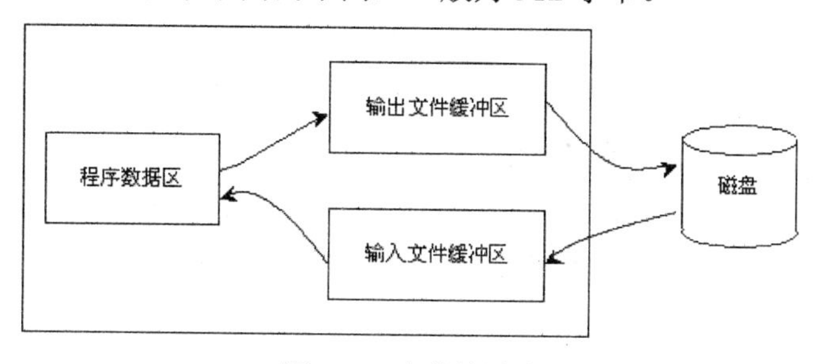

图 12.2　文件的缓冲

所谓“非缓冲文件系统”是指系统不会自动开辟确定大小的缓冲区，而由程序为每个文件设定缓冲区。

C 语言中没有专门的输入输出语句，对文件的读写都是用库函数来实现的，ANSI 规定了输入输出函数，用它们对文件进行读写。

本章只介绍 ANSI C 规定的缓冲文件系统，即标准文件系统。

12.1.4　文件类型指针

在缓冲文件系统中有一个关键概念是“文件类型指针”，每一个存在的文件都在内存中开辟一个区域，用来存放文件的相关信息(如文件的名称、文件状态、文件当前位置等)，这些信息保存在一个结构体变量中，该结构体由系统声明，取名为 FILE。Turbo C 在 stdio.h 文件中有如下类型声明：

```
typedef  struct
  {short level;                     /*缓冲区"满"或"空"的程度*/
   unsigned flags;                  /*文件状态标志*/
   char fd;                         /*文件描述符*/
   unsigned char hold;              /*如无缓冲区不读取字符*/
   short bsize;                     /*缓冲区的大小*/
   unsigned char *buffer;           /*数据缓冲区的位置*/
   unsigned char *curp;             /*指针，当前的指向*/
   unsigned istemp;                 /*临时文件，指示器*/
   short token;                     /*用于有效性检查*/
  }FILE;
```

定义文件类型指针变量的格式如下：

```
FILE  *指针变量标识符;
```

例如：　　FILE　*fp;

上面的定义表示 fp 是指向文件类型的指针变量。

文件被打开时，系统自动为该文件定义一个 FILE 类型变量，使该文件与对应的 FILE 类型变量建立联系。因为 fp 是指向 FILE 类型的指针变量，通过 fp 即可找到存放该文件信息的 FILE 类型变量，然后按变量提供的信息找到该文件，对该文件实施操作。习惯上笼统地把 fp 称为文件类型指针。打开文件就是指建立文件的各种有关信息，并使 FILE 类型指针指向该文件，以便对文件进行操作；关闭文件则是断开 FILE 类型指针与该文件之间的联系，也就是禁止对该文件进行操作。

12.2　文件的打开与关闭

与其他高级语言一样，对文件在读写之前应该先“打开”该文件，用完之后应该“关闭”该文件，否则会出现一些意想不到的错误。

12.2.1　打开文件的函数 fopen

函数 fopen 用于打开文件，其使用格式如下：

```
FILE *fp;
fp=fopen(文件名, 使用文件的方式);
```

例如：

```
fp=fopen("d:\\exercise\\user.txt", "r");
(注意: 在此表示"\"时要用转义符"\", 所以为"\\"。)
```

上面表示要打开的文件名为user.txt，该文件在d:\exercise(如无此项，表示文件在当前目录)目录中，使用文件的方式为“只读”(r代表读)。fopen函数返回指向user.txt文件的指针并赋给fp，这样fp就和文件user.txt相联系了，或者说fp指向user.txt文件。

由上面的例子可以看出，在打开一个文件时，编译系统得到以下信息：

(1) 需要打开的文件标识，也就是文件的位置及文件名；

(2) 使用文件的方式(是“读”还是“写”等)；

(3) 让哪一个指针指向被打开的文件。

使用文件的方式如表12.1所示。

表12.1　文件的使用方式

字　符	含　义
r	以只读方式打开一个文本文件。文件必须存在，否则打开失败。打开后，文件内部的位置指针指向文件首部的第一个字符
w	以只写方式打开一个文本文件。如果文件不存在，则建立该文件。如果文件已存在，则删除原文件内容，写入新内容
a	以追加方式打开一个文本文件。只能向文件尾追加数据。文件必须存在，否则打开失败。打开后，文件内部的位置指针指向文件尾
rb	以只读方式打开一个二进制文件。文件必须存在，否则打开失败。打开后，文件内部的位置指针指向文件首部的第一个字节
wb	以只写方式打开一个二进制文件。如果文件不存在，则建立该文件。如果文件已存在，则删除原文件内容，写入新内容
ab	以追加方式打开一个二进制文件。只能向文件尾追加数据。文件必须存在，否则打开失败。打开后，文件内部的位置指针指向文件尾
r+	以读/写方式打开一个文本文件。文件必须存在。打开后，文件内部的位置指针指向文件首部的第一个字符。打开后，可以读取文本内容，也可以写入文本内容，也可以既读又写
w+	以读/写方式打开或新建一个文本文件。如果文件已存在，则新的写操作将覆盖原有数据。如果文件不存在，则建立一个新文件。还可以在不关闭文件的情况下，再读取文件内容
a+	以读和追加的方式打开一个文本文件。允许读或追加。文件必须存在，否则打开失败。打开后，文件内部的位置指针指向文件尾。可在文件尾追加数据，也可将位置指针移到某个位置，读取文件内容
rb+	以读/写方式打开一个二进制文件。文件必须存在。打开后，文件内部的位置指针指向文件首部的第一个字节。打开后，可以读取数据，也可以写入数据，也可以既读又写

(续表)

字　符	含　义
wb+	以读/写方式打开或新建一个二进制文件。如果文件已存在，则新的写操作将覆盖原有数据。如果文件不存在，则建立一个新文件。还可以在不关闭文件的情况下，再读取文件内容
ab+	以读和追加的方式打开一个二进制文件。允许读或追加。文件必须存在，否则打开失败。打开后，文件内部的位置指针指向文件尾。可在文件尾追加数据，也可将位置指针移到某个位置，读取数据

如果成功打开一个文件，则 fopen()函数将返回一个指向该文件的指针，否则将返回空指针(NULL)，由此可以判断一个文件是否打开成功。

12.2.2　关闭文件的函数 fclose

fclose 函数用于关闭一个文件，其使用格式如下：

```
fclose(文件类型指针);
```

例如：

```
fclose(fp);
```

用 fclose 函数关闭一个由 fopen 函数打开的文件，当文件关闭成功时返回 0，否则返回 EOF。EOF 是在 stdio.h 中定义的一个符号常量，其值为-1。可以根据该函数返回的值判断文件是否正常关闭。

例 12.1　打开与关闭文件示例。

```
#include <stdio.h>
int main()
{FILE *fp;     int i;
 fp=fopen("cj.dat", "rb");
 if(fp==NULL)   printf("File open failed!\n");
 else   printf("File open successful!\n");
i=fclose(fp);
if (i==0)   printf("File close successful!\n");
 else   printf("File close failed!\n");
 return 0;
}
```

12.3　文件的定位和检测

12.3.1　文件的顺序读写和随机读写

对文件的读写方式有两种：顺序读写和随机读写，也称为顺序存取和随机存取。

顺序读写的特点是：从文件开始到文件结尾，一个字节一个字节地顺序读写，读写完第一个字节，才能顺序读写第二个字节，读写完第二个字节，才能顺序读写第三个字节，…，依次类推。

随机读写的特点是：允许从文件的任何位置开始读写，利用后面介绍的 fseek 和 rewind 函数，可以使文件内部的位置指针指向某一个位置，从该位置开始读写。

通过程序来控制文件内部的位置指针的移动，称为文件的定位。对于存储在磁盘上的文件，既可以采用顺序读写方式，也可以采用随机读写方式。

12.3.2 rewind 函数和 fseek 函数

1．rewind 函数

rewind 函数的使用格式如下：

```
rewind(文件类型指针);
```

例如：

```
rewind(fp);
```

rewind 函数的功能是把文件内部的位置指针重新定位到文件的开头，此函数无返回值。当操作某一个文件时，例如，读取文件内容，文件内部的位置指针会顺序向后移动，当文件的所有内容读取完毕后，文件内部的位置指针已经指向了文件尾，此时，如果再想重新读取文件内容，必须使用 rewind 函数将文件内部的位置指针重新定位到文件的开头，否则无法读取文件内容。

注意：刚打开文件时，文件内部的位置指针定位在文件的开头，即文件首。

2．fseek 函数

fseek 函数的使用格式如下：

```
fseek(文件类型指针，位移量，起始点);
```

fseek 函数的功能是移动文件内部的位置指针到指定的位置。fseek 函数的第一个参数是“文件类型指针”，指明了要操作哪一个文件。第二个参数是“位移量”，指明了从“起始点”开始移动的字节数，位移量必须是长整型数据，加后缀“L”；如果位移量是正整数，则表示文件内部的位置指针向文件尾方向移动，若是负整数，则表示文件内部的位置指针向文件首方向移动。第三个参数是“起始点”，指明了移动时的起始位置，起始点有3种取值，分别代表文件首、文件尾和当前位置，如表12.2所示。

表 12.2 fseek 函数的起始点

符号常量	数值	含义
SEEK_SET	0	从文件首开始移动
SEEK_CUR	1	从文件的当前位置开始移动
SEEK_END	2	从文件尾开始移动

例如：

```
fseek(fp, 100L, SEEK_SET);   或 fseek(fp, 100L, 0);
```

表示将文件内部的位置指针从文件首开始向文件尾方向移动 100 个字节。

```
fseek(fp, 20L, SEEK_CUR);   或 fseek(fp, 20L, 1);
```

表示将文件内部的位置指针从当前位置向文件尾方向移动 20 个字节。

```
fseek(fp, -30L, SEEK_CUR);   或 fseek(fp, -30L, 1);
```

表示将文件内部的位置指针从当前位置向文件首方向移动 30 个字节。

```
fseek(fp, -10L, SEEK_END);   或 fseek(fp, -10L, 2);
```

表示将文件内部的位置指针从文件尾开始向文件首方向移动 10 个字节。

12.3.3　feof 函数和 ftell 函数

1．feof 函数

feof 函数的使用格式如下：

```
feof(文件类型指针);
```

feof 函数用于检测文件位置指针是否到达文件尾，若到达文件尾则返回一个非 0 值(真)，否则返回 0(假)。当我们对文件进行操作时，例如顺序读取文件的所有数据，可以使用该函数来判断文件内容是否结束，若文件内容没有结束，则继续读取数据，否则结束读取操作。

下面的循环语句是使用 feof 函数判断 fp 所指向的文本文件内容是否结束，如果文件内容没有结束，则使用 fgetc 函数继续读取数据。fgetc 函数将在后面介绍。

```
While (!feof(fp))   putchar(fgetc(fp));
```

2．ftell 函数

ftell 函数的使用格式如下：

```
长整型变量=ftell(文件类型指针);
```

ftell 函数用于检测文件内部的位置指针的当前位置，若调用成功，ftell 函数的返回值是从文件开头到位置指针所指当前位置的总的字节数(长整型)，否则返回值是-1L。

12.3.4　ferror 函数和 clearerr 函数

1．ferror 函数

ferror 函数的使用格式如下：

ferror(文件指针);

ferror 函数的功能是检查文件在用各种输入输出函数进行读写时是否出错。ferror 返回值为 0 表示未出错，否则表示有错。执行 fopen 函数时，ferror 函数的初始值自动置为 0。

2．clearerr 函数

clearerr 函数的使用格式如下：

clearerr(文件指针);

clearerr 函数的功能是将文件的错误标志和文件结束标志设置为 0。如果文件发生了输入输出错误，其错误标志被置为非 0，该值会一直保持到再一次调用输入输出函数或者使用 clearerr 函数才会改变。文件刚打开时，错误标志为 0。

12.4　文件的读写

12.4.1　fgetc 函数和 fputc 函数

1．fgetc 函数

fgetc 函数的使用格式如下：

fgetc(文件类型指针);

fgetc 函数的功能是从文件类型指针指向的文本文件的当前位置读取一个字符，该字符的 ASCII 码值作为函数的返回值，如果读到文件结束符(^z)或读取不成功，则返回 EOF(-1)。从文件读取一个字符后，文件的当前位置将后移一个字节。

例如：

```
FILE *fp ; char ch;
fp=fopen("d:\\yw.txt","r");
ch=fgetc(fp);
```

表示从 fp 所指向的文件的当前位置读取一个字符，赋给字符型变量 ch。

getchar()与 fgetc(stdin)的功能相同，这里的 stdin 代表标准输入文件(如键盘)。这两种形式的作用都是从终端(如键盘)输入一个字符，函数值就是该字符。

2．fputc 函数

fputc 函数的使用格式如下：

fputc(字符表达式, 文件类型指针);

fputc 函数的功能是向文件类型指针指向的文本文件的当前位置写入一个字符，“字符表达式”代表要写入的字符，字符表达式可以是字符常量或字符变量。如果写入成功，则函数的返回值是所写入字符的 ASCII 码值，否则返回 EOF(-1)。向文件写入一个字符后，文件的当前位置将后移一个字节。

例如：

```
FILE *fp ;   char ch='A';
fp=fopen("d:\\yw.txt","w");
fpuc(ch , fp);
```

表示将存储在变量 ch 中的字符‘A’写入 fp 所指向的文件的当前位置。

putchar(ch)与 fputc(ch, stdout)的功能相同，这里的 stdout 代表标准输出文件(如显示器)。这两种形式的作用都是向终端(如显示器)输出一个字符。

例 12.2　从键盘输入若干个字符，将其中的小写英文字母写入 d 盘根目录下名为“yw.txt”的文本文件中，将其他字符显示在屏幕上，若输入字符‘#’，则程序结束。

程序代码如下：

```
#include <stdio.h>
int main()
          { FILE *fp ; char ch;
           if ((fp=fopen("d:\\yw.txt","w"))==NULL)
                {printf("cannot   open   file!\n"); exit(0); }
           ch=getchar();
           while(ch !='#')
                { if (ch>='a' && ch<='z')   fputc(ch , fp) ;
                  else   putchar(ch) ;
                  ch = getchar();
                }
           fclose(fp);
           return 0;
          }
```

例 12.3　将磁盘上一个文本文件中的信息显示在屏幕上，然后将这个文件中的英文字母复制到另一个文本文件中。

```
#include   <stdio.h>
int main()
     { FILE   *fp1 , *fp2 ;
       char   ch , file1[30] , file2[30] ; /* file1 和 file2 分别用来存储文件名*/
       scanf("%s", file1);           /* file1 中存储的文件名必须是已经存在的文件*/
       scanf("%s", file2);
       if   ((fp1=fopen(file1 , "r"))==NULL)
          {printf("cannot   open   infile\n");    exit(0);   }
       if   ((fp2=fopen(file2 , "w"))==NULL)
          {printf("cannot   open   outfile\n");    exit(0);   }
       while (!feof(fp1))            /*在屏幕上显示 file1 文件信息*/
          {ch=fgetc(fp1);
           putchar(ch);
          }
       rewind(fp1);                  /*让文件内部的位置指针重新移动到文件首*/
       while ( !feof(fp1) )          /*复制 file1 文件中的英文字母到 file2*/
```

```
            { ch=fgetc(fp1) ;
              if ((ch>='a' && ch<='z') || (ch>='A' && ch<='Z'))
                  fputc( ch , fp2 );
            }
        fclose(fp1);    fclose(fp2);
    return 0;
}
```

思考：如何编写一个既能将文本信息存储于文件中，又能将文本信息从文件中读出并显示于屏幕上的完整程序呢？

12.4.2　fread 函数和 fwrite 函数

fread 函数和 fwrite 函数适用于二进制文件的操作，用于整块数据的读写。使用 fwrite 函数进行写操作时，整块数据(存储在数组或结构体变量中)要事先放在内存中；使用 fread 函数进行读操作时，要准备好接收数据的存储空间，存储空间的数据类型可以是数组或结构体变量等。

1．fread 函数

fread 函数的使用格式如下：

```
fread(buffer, size, count, fp);
```

其中，buffer 是存放数据的存储空间的起始地址；size 是数据块的大小(字节数)；count 是读多少个块；fp 是文件类型指针。

fread 函数的功能是从 fp 所指向的文件中读取数据块，读取的字节数为 size*count，读取到的数据存放在 buffer 为起始地址的内存中。如果 fread 函数的返回值等于 count，则执行本函数读取数据成功；如果文件结束或发生错误，返回 0。

例如，若已知有"int a[10]；"，则下面的语句：

```
fread(a, sizeof(int), 10, fp);
```

从 fp 所指向的文件中读取 2*10 个字节(即 10 个整数)存放于数组 a 中。

2．fwrite 函数

fwrite 函数的使用格式如下：

```
fwrite(buffer, size, count, fp);
```

其中，四个参数的含义与 fread 函数基本相同，只不过现在是将内存中从 buffer 地址开始的数据往 fp 所指向的文件中写。

fwrite 函数的功能是将内存中从 buffer 地址开始的数据往 fp 所指向的文件里写，写入到文件的字节数为 size*count。如果 fwrite 函数的返回值等于 count，则执行本函数写入数据成功，否则返回 0。

例如，下面的语句：

```
int b[6]={1, 3, 5, 7, 9, 11};
fwrite(b, sizeof(int), 6, fp);
```

将内存中 b 数组的 6 个元素值(2*6 个字节)写入 fp 所指向的文件中。

例 12.4　从键盘上输入 10 名学生的学号、姓名、年龄，将这些数据写入 d:\xs.dat 文件中。

```
#include <stdio.h>
#define  SIZE  10
struct  student
{  int  num;
   char  name[8];
   int  age;
}stu[SIZE];
int main()
{ FILE  *fp;    int  i;
 if ((fp=fopen("d:\\xs.dat", "wb"))==NULL)
    {printf("Can't open file!");
     exit(0);
    }
 for (i=0; i<SIZE; i++) /*从键盘输入学生数据*/
     {printf("Input date of No.%d student:\n", i+1);
      printf("num: ");   scanf("%d",&stu[i].num);
      printf("name: ");  getchar();   /* 用 getchar()来抵消前面的回车符*/
      gets(stu[i].name);
      printf("age: ");   scanf("%d",&stu[i].age);
      }
 for (i=0;i<SIZE;i++)            /*向文件写入学生数据*/
    if (fwrite(&stu[i], sizeof(struct student), 1, fp)!=1)
        printf("File write error!");
 fclose(fp);
 return 0;
}
```

例 12.5　从上题的 d:\xs.dat 文件中读出所有学生的信息，并显示在屏幕上。

```
#include <stdio.h>
#define  SIZE  10
struct  student
{  int  num;
   char  name[8];
   int  age;
}stu[SIZE];
int main()
{ FILE  *fp;  int  i;
 if((fp=fopen("d:\\xs.dat","rb"))==NULL)
    {printf("Can't open file!");
     exit(0);
    }
 for(i=0;i<SIZE;i++)
     if (fread(&stu[i], sizeof(struct student), 1, fp)!=1)
```

```
            printf("File read error!");
        else
            printf("%d, %s , %d \n", stu[i].num, stu[i].name, stu[i].age);
    fclose(fp);
    return 0;
}
```

思考：如何利用上面的 fread 和 fwrite 函数，编写一个能对学生的信息(包括学号、姓名、年龄、成绩)进行存储、显示，统计计算、查找等多种操作的程序？

12.4.3　fscanf 函数和 fprintf 函数

前面使用的 scanf 函数和 printf 函数是面向终端(键盘和显示器)进行输入输出的，fscanf 函数和 fprintf 函数则是面向文件进行输入输出的。这里的文件一般是指存储在磁盘上的文本文件，如果将文件类型指针换成 stdin 和 stdout，也可将输入输出面向终端(键盘和显示器)。

1. fscanf 函数

fscanf 函数的使用格式如下：

```
fscanf(文件类型指针, 格式字符串, 输入项地址列表);
```

fscanf 函数的功能是按“格式字符串”所指定的格式，从“文件类型指针”所指向的文件的当前位置读取数据，然后按“输入项地址列表”的顺序，将读取到的数据存入指定的内存单元中。fscanf 函数的返回值是读取的数据个数；如果遇到文件结束符或读取不成功，则返回 EOF(-1)。

例如：

```
fscanf(fp,"%d,%f",&i,&t);
```

表示从 fp 所指向的文件中，按“%d，%f”规定的格式读取两个值，将这两个值分别存储在地址&i 和&t 对应的内存单元中。如果读取成功，fscanf 函数的返回值是 2。

前面几章经常使用的函数 scanf(格式字符串，输入项地址列表)；与 fscanf(stdin，格式字符串，输入项地址列表)；功能相同，这里的 stdin 代表标准输入文件(如键盘)。这两种形式的作用都是从终端(如键盘)，按“格式字符串”的格式输入(读取)数据，将输入(读取)的数据存入“输入项地址列表”指定的内存单元中。

2. fprintf 函数

fprintf 函数的使用格式如下：

```
fprintf(文件类型指针, 格式字符串, 输出项列表);
```

fprintf 函数的功能是按“格式字符串”所指定的格式，将“输出项列表”中指定的各项的值写入“文件类型指针”所指向的文件的当前位置。如果写入成功，fprintf 函数的返回值是写入文件中的字符个数(或字节个数)，否则返回 EOF(-1)。

例如：

```
fprintf(fp,"%d,%f",i,t);
```

表示按“%d，%f”规定的格式，在 fp 所指向的文件中，从文件的当前位置开始，将 i 和 t 的值写入文件中。

前面几章经常使用的函数 printf(格式字符串，输出项列表)；与 fprintf(stdout，格式字符串，输出项列表)；功能相同，这里的 stdout 代表标准输出文件(如显示器)。这两种形式的作用都是向终端(如显示器)按“格式字符串”的格式输出(写入)数据。

例 12.6 将一个学生姓名以及 3 门课的成绩写入新建的文件 user.txt 中，该文件放在 C 盘根目录下的 dat 目录中，然后再将该学生姓名以及 3 个成绩值读取出来，求出它们的平均值，显示在屏幕上。

```
#include <stdio.h>
int main()
{ FILE   *fp;
 int   a1=82, a2=81, a3=83, b1, b2, b3;
 char   name1[20]="ZhangHua", name2[20];
 float   aver;
 fp=fopen("c:\\dat\\user.txt", "w+");
 fprintf(fp, "%s , %d , %d , %d ", name1 , a1, a2, a3);
 rewind(fp);
 fscanf(fp, "%s , %d ,%d , %d ", name2 , &b1, &b2, &b3);
 aver=(b1+b2+b3)/3.0;
 printf("%s , %d , %d , %d , %f \n ", name2, b1, b2, b3,aver);
 fclose(fp);
 return 0;
}
```

12.4.4　fgets 函数和 fputs 函数

1．fgets 函数

fgets 函数的使用格式如下：

```
fgets(pstr, n, fp);
```

其中，pstr 是存放字符串的内存首地址，可以是数组名或指针变量名；整型变量 n 是限定读取的字符个数；fp 是文件类型指针。

fgets 函数的功能是从 fp 所指向的文件的当前位置开始读取 n-1 个字符，然后在所有字符的后面加一个字符串结束标志‘\0’，将这个字符串存于 pstr 为首地址的内存地址中。可能读取的字符数不足 n-1 个，因为规定在读完 n-1 个字符之前，如果遇到换行符或文件结束(EOF)，则结束读取。正常情况下，函数返回值是存放字符串的内存首地址(pstr)；如果一个字符也没有读入或有错误发生，则返回 NULL。

例如：

```
char str[10];
fgets(str, 10, fp);
```

表示从 fp 所指向的文件中读取 9 个字符，在 9 个字符的后面加一个字符串结束标志‘\0’，存入数组 str 中。

2. fputs 函数

fputs 函数的使用格式如下：

```
fputs(pstr, fp);
```

其中，pstr 代表字符串，可以是字符串常量、字符串数组名或指向字符串的指针变量名；fp 是文件类型指针。

fputs 函数的功能是将字符串写入文件类型指针所指向的文件中，不包括字符串结束标志‘\0’。

例如：

```
fputs("We love peace!",fp);
```

表示将字符串“We love peace!”写入 fp 所指向的文件中(不包括‘\0’)。

```
char str[]="character string";
(或 char *str="character string";)
fputs(str,fp);
```

表示将 str 对应的字符串写入 fp 所指向的文件中(不包括‘\0’)。

例 12.7　将字符串“I love china!”(各单词间只有一个空格)写入 c:\zg.txt 文件中，然后将其中的“love china!”读取出来，显示在屏幕上。

```
#include <stdio.h>
int main()
{ FILE  *fp;   char  a[30];
fp=fopen("c:\\zg.txt","w+");
  fputs("I love china!", fp);
  fseek(fp, 2L, SEEK_SET);
  fgets(a, 12, fp);
  printf("%s\n", a);
  fclose(fp);
  return 0;
}
```

12.5　程序设计举例

例 12.8　编程实现如下功能：

(1) 将若干名学生的学号、姓名、数学成绩、英语成绩、语文成绩存储在 c:\student.txt 文件中。

(2) 根据给定的学号，在文件 student.txt 中查找并显示与该学号对应的学生的姓名、数学成绩、英语成绩、语文成绩的值。

(3) 在文件 student.txt 所有内容的后面，追加若干个学生的信息(每个学生包括学号、姓名、数学成绩、英语成绩、语文成绩 5 个数据)。

(4) 计算并显示每个学生的数学成绩、英语成绩、语文成绩的平均分。

程序代码如下：

```
#include <stdio.h>
  struct  student
  {   int  num;
      char  name[8];
      int  math;
      int  engl;
      int  chin;
  };
 void  sto()
 { FILE  *fp;   int  yn=1 ;
  struct  student  stu;   /*stu 存放一个学生的 5 项数据*/
  if ((fp=fopen("c:\\student", "w"))==NULL)
      {printf  ("Can't open file!"); return; }
  while (yn==1)
     {printf("请按顺序输入学生的学号,数学成绩,英语成绩,语文成绩,姓名:\n");
      scanf("%d,%d,%d,%d,%s",
          &stu.num,&stu.math,&stu.engl,&stu.chin,stu.name);
      fwrite(&stu, sizeof(struct student), 1, fp) ;
      printf("若停止输入请按 0,若继续输入请按 1,然后按回车.\n");
      scanf("%d",&yn);
      }
  fclose(fp);
  return;
 }
 void  sea()
 {FILE  *fp;   int  bz=0, k=0,xh;
  struct  student  a;
  if ((fp=fopen("c:\\student","r"))==NULL)
      {printf("Can't open file!");   return;  }
  printf(" 请输入学生的学号：");
  scanf("%d", &xh);
  fseek(fp, k*sizeof(struct  student), SEEK_SET);
  while(!feof(fp))
     {fread(&a, sizeof(struct student), 1, fp);
      if (xh==a.num)
         {printf("查找成功!学生信息显示如下:\n");
          printf("\n%d,%s,%d,%d,%d\n",a.num,a.name,a.math,a.engl,
          a.chin);
          bz=1;  break;
         }
      k++;
      fseek(fp, k*sizeof(struct  student), SEEK_SET);
     }
```

```
        if (bz==0)    printf("查找不到该学生!\n");
   fclose(fp);
   return;
  }
void   app()
{FILE   *fp;    int   yn=1;
 struct   student   stu;
 if ((fp=fopen("c:\\student","a"))==NULL)
     {printf("Can't open file!");    return;  }
 while (yn==1)
     {printf("请按顺序输入学生的学号, 数学成绩, 英语成绩, 语文成绩, 姓名:\n");
      scanf("%d,%d,%d,%d,%s",
           &stu.num,&stu.math,&stu.engl,&stu.chin,stu.name);
      fwrite(&stu, sizeof(struct student), 1, fp) ;
      printf("若停止追加输入请按 0, 若继续追加输入请按 1, 然后按回车.\n");
      scanf("%d",&yn);
      }
   fclose(fp);
   return;
}

 void   ave()
 { FILE   *fp;   int t=0,k,m;
   float   aver;                  /*aver 存放平均成绩*/
   struct   student   stu;
   if((fp=fopen("c:\\student","r"))==NULL)
      {printf("Can't open file!");   return; }
   while(!feof(fp))
      {fgetc(fp);   t++;}
   m=t/sizeof(struct student);           /*m 存放学生个数*/
   rewind(fp);
   for (k=0;k<m;k++)
      {fread(&stu, sizeof(struct student), 1, fp);
       aver=(stu.math+stu.engl+stu.chin)/3.0;
       printf("%d, %s, %d, %d, %d,  平均分%f\n",
            stu.num,stu.name,stu.math,stu.engl,stu.chin,aver);
      }
   fclose(fp);
   return;
 }
 int main()
 { int   xz;
  while(1)
   {printf("********************学生成绩管理********************
   \n");
    printf("1.将若干个学生的学号、三门课程的成绩和姓名存储到文件中\n");
    printf("2.根据给定的学号, 查找并显示该学生的所有信息\n");
    printf("3.追加若干个学生的信息到文件的末尾\n");
    printf("4.计算并显示每个学生三门课程的平均分\n");
    printf("5.结束程序运行\n");
    printf("请选择(1,2,3,4,5):");
    scanf("%d", &xz);
```

```
            if (xz==5)
              break;
        switch (xz)
           {case   1: sto(); break;
            case   2: sea(); break;
            case   3: app(); break;
            case   4: ave(); break;
           }
       }
       printf("程序运行结束, 再见!");
       return 0;
    }
```

运行程序，首先出现如下形式的主菜单：

```
********************学生成绩管理********************
 1. 将若干个学生的学号、三门课程的成绩和姓名存储到文件中
 2. 根据给定的学号, 查找并显示该学生的所有信息
 3. 追加若干个学生的信息到文件的末尾
 4. 计算并显示每个学生三门课程的平均分
 5. 结束程序运行
 请选择(1,2,3,4,5):
```

如果选择输入 1，表示将若干个学生的信息存储到文件中，此时，程序执行函数 sto()的内容，从键盘输入如下内容：

10101, 65, 66, 67, zhangli↙

这时屏幕上显示如下信息：

若停止输入请按 0,若继续输入请按 1,然后按回车.

按 1 后，再按回车，表示继续输入，从键盘输入如下内容：

10102, 71, 72, 73, huangke↙

这时屏幕上又显示如下信息：

若停止输入请按 0,若继续输入请按 1,然后按回车.

按 1 后，再按回车，表示继续输入，从键盘输入以下内容：

10103, 86, 87, 88, liulili↙

这时屏幕上又显示如下信息：

若停止输入请按 0, 若继续输入请按 1, 然后按回车.

按 0 后，再按回车，表示停止输入。此时，文件中共存入 3 个学生的信息。

接着又出现主菜单，表示函数 sto()的内容执行完毕，程序又开始执行 main()函数的内容。选择输入 2，表示将根据给定的学号，查找并显示该学生的所有信息，此时程序执行函数 sea()的内容，屏幕上显示如下提示信息：

```
请输入学生的学号:
```

响应上面的提示，输入学号1002，屏幕显示如下：

```
查找成功!学生信息显示如下:
10102, 71, 72, 73, huangke
```

如果响应上面的提示时，输入错误的学号，则屏幕显示：

```
查找不到该学生!
```

接着又出现主菜单，表示函数sea()的内容执行完毕，程序又开始执行main()函数的内容。选择输入3，表示要追加若干个学生的信息到文件的末尾，此时程序执行函数app()的内容，屏幕显示如下：

```
请按顺序输入学生的学号,数学成绩,英语成绩,语文成绩,姓名:
```

从键盘输入如下内容：

```
10104, 81, 82, 83, zhaohua↙
```

这时屏幕上又显示如下信息：

```
若停止追加输入请按0, 若继续追加输入请按1, 然后按回车.
```

按1后，再按回车，表示继续追加输入，从键盘输入如下内容：

```
10105, 73, 75, 77, majian↙
```

这时屏幕上又显示如下信息：

```
若停止追加输入请按0, 若继续追加输入请按1, 然后按回车.
```

按0后，再按回车，表示停止追加输入。截止到此时，文件中共存入5个学生的信息。

接着又出现主菜单，表示函数app()的内容执行完毕，程序又开始执行main()函数的内容。选择输入4，表示要计算并显示每个学生3门课程的平均分，此时程序执行函数ave()的内容，屏幕显示如下：

```
10101，zhangli,65,66,67,平均分 66.000000
10102，huangke,71,72,73,平均分 72.000000
10103，liulili,86,87,88,平均分 87.000000
10104，zhaohua,81,82,83,平均分 82.000000
10105，majian,73,75,77,平均分 75.000000
```

接着又出现主菜单，表示函数ave()的内容执行完毕，程序又开始执行main()函数的内容。选择输入5，表示结束程序运行，屏幕显示“程序运行结束，再见!”。

思考：本程序只用到了一个student.txt文件，一般为了安全起见，应该使用student.txt文件的副本进行查找、计算等操作，如果是这样，程序应该如何编写？如果既能根据学号查找，又能根据姓名查找，又能根据某一门课的成绩查找，程序应该如何编写？如果可以删除或修改某个学生的信息，程序应该如何编写？

12.6　习　题

一、阅读程序，写出运行结果

```
1. #include <stdio.h>
int main()
    {FILE *fp;   char ch, fname[10];
     printf("输入一个文件名:");   gets(fname);
 if ((fp=fopen(fname,"w+"))==NULL)
   {printf("不能打开%s 文件\n",fname);   exit(1); }
     printf("输入数据:\n");
     while ((ch=getchar()!='#')   fputc(ch,fp);
fclose(fp);
return 0;
    }
```

运行该程序，并在运行时输入：myfile.dat↙

abcdefgh1234#56ab#↙

则指定文件的内容是什么？

```
2. #include <stdio.h>
   int main()
     {FILE *fp;   int i,n;
      fp=fopen("temp", "w+");
      for (i=1;i<=9;i++)   fprintf(fp, "%3d",i);
      for (i=3;i<=7;i=i+2)
       { fseek(fp,i*3L,SEEK_SET);
         fscanf(fp, "%3d",&n);
         printf("%3d",n);
       }
fclose(fp);
return 0;
      }
```

```
3. #include <stdio.h>
int main()
     { int i,n;   FILE *fp;
       if ((fp=fopen("temp", "w+")) == NULL)
          { printf("不能建立文件 temp\n");   exit(0); }
       for(i=1;i<=10;i++)     fprintf(fp, "%3d", i);
       for(i=0;i<5;i++)
        {fseek(fp, i*6L, SEEK_SET);
         fscanf(fp, "%d", &n);     printf("%3d", n);
        }
fclose(fp);
return 0;
}
```

二、编写程序

1. 请完成如下功能：将二维数组 a 的每一行均除以该行上的主对角元素(第 1 行除以 a[0][0]，第 2 行除以 a[1][1]，...，然后将 a 数组的所有元素值写入到当前目录下新建的文件 design.dat 中。

2. 在正整数中找出一个最小的、被 3、5、7、9 除余数分别为 1、3、5、7 的数， 将该数以格式"%d"写到文件 mmnn.dat 中。

3. 素数是只能被 1 和其自身整除的自然数。请找出在 500 至 600 之间的所有素数，并顺序将每个素数用语句 “fprintf(p,"%5d",i);”追加入文件 shu.dat 中。

4. 从键盘输入一个文件名，然后从键盘输入一些字符，逐个把这些字符送到磁盘文件中去，直到输入一个‘#’为止。

5. 从键盘输入一个字符串，将字符串中的小写字母全部转换成大写字母，然后将转换后的字符串输出到一个磁盘文件“test.txt”中保存。

6. 共有 5 件商品，将每件商品的编号、名称、数量、单价 4 项信息写到文件 data 中。

7. 有 5 个学生，每个学生有 3 门课的成绩，从键盘输入以上数据(包括学号，姓名，3 门课成绩)，计算每个学生 3 门课的平均分数，将原有的数据和计算出的平均分数存放在磁盘文件 stud 中。

8. 从键盘输入两个学生数据(包括姓名、学号、年龄、住址)，写入文件 stu 中，再读出这两个学生的数据显示在屏幕上。

9. 在上题所形成的学生文件 stu 中读出第二个学生的数据。

10. 磁盘文件 a1 和 a2 各存放一行字母，要求把这两个文件中的信息合并(按字母顺序排列)，输出到一个新文件 a3 中。

11. 模仿例 12.8，编写对某公司员工的电话号码进行存储、查找显示、追加的程序。

附录A　Turbo C 2.0集成开发环境的简介

Turbo C 是一个把编辑、编译、连接、执行和调试集成在一起的 C 程序开发环境，下面简要介绍 Turbo C 2.0 的内容。

1. Turbo C 2.0 的安装和启动

Turbo C 2.0 的安装非常简单，找到它的 install 安装程序，并执行 install 程序，根据屏幕显示的提示信息进行相应的操作，可以将软盘的 Turbo C 2.0 软件安装到硬盘上。安装完毕将在硬盘根目录下建立一个 TC(其他目录也可以)子目录，在 TC 目录下还建立了两个了目录 LIB 和 INCLUDE，LIB 子目录中存放库文件，INCLUDE 子目录中存放所有头文件。

运行 Turbo C 2.0 时，如果从 windows 环境下进入，在开始菜单的运行中，输入 CMD 命令进入命令行编辑状态，再进入 TC 目录下，输入 TC 并按回车键即可进入 Turbo C 2. 0 集成开发环境。

2. Turbo C 2.0 集成开发环境简介

进入 Turbo C 2.0 集成开发环境后, 屏幕显示如图 A.1 所示。

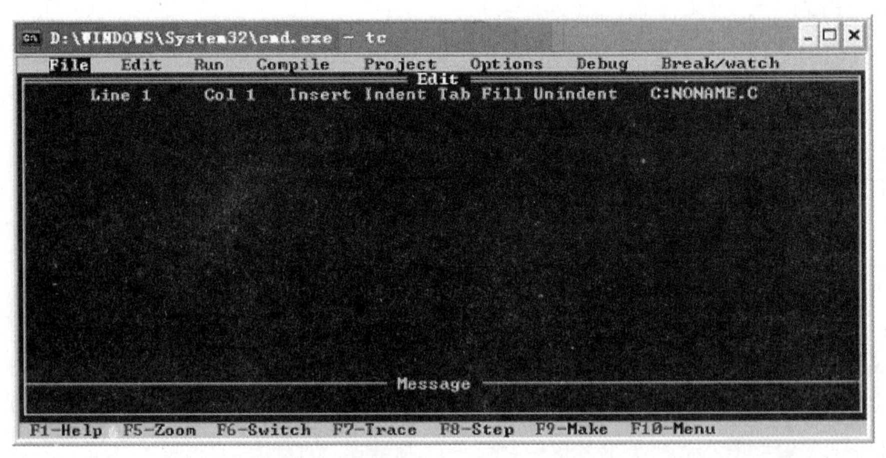

图 A.1　Turbo C 2.0 集成开发环境

窗口最上面一行文字为 Turbo C 2.0 主菜单，中间窗口为编辑区，接下来是信息窗口，最底下一行为参考行。这 4 个窗口构成了 Turbo C 2.0 的主屏幕，以后的编程、编译、调试以及运行都将在这个主屏幕中进行。下面简单介绍常用菜单的功能。

(1) File(文件)菜单：按 Alt+F 可进入 File 菜单，该菜单中常用的菜单项有：

New(新文件)：说明文件是新建的，默认文件名为 NONAME.C，存盘时可改名。

Save(存盘)：将编辑区中的文件存盘，如果文件名是 NONAME.C 时，将询问是否更改文件名，其快捷键为 F2。

Write to(存盘)：可由用户给出文件名，将编辑区中的文件存盘，如果该文件已存在，则询问是否覆盖。

Directory(目录)：显示目录及目录中的文件，并可由用户选择。

Os shell(暂时退出)：暂时退出 Turbo C 2.0 到 DOS 提示符下，此时可以运行 DOS 命令，如果想回到 Turbo C 2.0 中，只要在 DOS 状态下输入 EXIT 即可。

Quit(退出)：退出 Turbo C 2.0，返回到 DOS 操作系统中，其快捷键为 Alt+X。

(2) Edit(编辑)菜单：按 Alt+E 可进入编辑菜单，再按回车键，则光标出现在编辑窗口，此时用户可以进行文本编辑。

与编辑相关的功能键如下：

F1　　获得 Turbo C 2.0 编辑命令的帮助信息

F5　　扩大编辑窗口到整个屏幕

F6　　在编辑窗口与信息窗口之间进行切换

F10　　从编辑窗口转到主菜单

常用编辑命令：

PageUp　　向前翻页

PageDn　　向后翻页

Home　　将光标移到所在行的开始

End　　将光标移到所在行的结尾

Ctrl+Y　　删除光标所在的一行

Ctrl+KB　　设置块开始

Ctrl+KK　　设置块结尾

Ctrl+KV　　块移动

Ctrl+KC　　块拷贝

Ctrl+KY　　块删除

Ctrl+KR　　读文件

Ctrl+KW　　存文件

(3) Run(运行)菜单：按 Alt+R 可进入 Run 菜单，该菜单中常用的菜单项有：

Run(运行程序)：运行由 Project/Project name 项指定的文件名或当前编辑区的文件。如果对上次编译后的源代码未做修改，则直接运行到下一个断点(没有断点则运行到结束)。否则先进行编译、连接后才运行，其快捷键为 Ctrl+F9。

User screen(用户屏幕)：显示程序运行时在屏幕上显示的结果，其快捷键为 Alt+F5。

(4) Compile(编译)菜单：按 Alt+C 可进入 Compile 菜单，该菜单中常用的菜单项有：

Compile to OBJ(编译生成目标码)：将一个 C 源文件编译生成.OBJ 目标文件，同时显示生成的文件名，其快捷键为 Alt+F9。

Make EXE file(生成执行文件)：此命令将生成一个.EXE 的文件，并显示生成的.EXE

文件名。

Link EXE file(连接生成执行文件)：把当前.OBJ 文件及库文件连接在一起生成.EXE 文件。

Build all(建立所有文件)：重新编译项目中的所有文件，并进行装配生成.EXE 文件。

(5) Project(项目)菜单：按 Alt+P 可进入 Project 菜单，该菜单中常用的菜单项有：

Project name(项目名)：项目名具有.PRJ 的扩展名，其中包括将要编译、连接的文件名。例如，有一个程序由 file1.c、file2.c、file3.c 组成，要将这 3 个文件编译装配成一个名为 file.exe 的执行文件，可以先建立一个 file.prj 的项目文件，其内容为：file1.c、file2.c、file3.c，此时将 file.prj 放入 Project name 项中，以后进行编译时将自动对项目文件中规定的 3 个源文件分别进行编译。然后连接成 file.exe 文件。如果其中有些文件已经编译成.OBJ 文件，而又没有修改过，可直接写上.OBJ 扩展名。此时将不再编译而只进行连接。

(6) Options(选择菜单)：按 Alt+O 可进入 Options 菜单，该菜单中常用的菜单项有：

Compiler(编译器)：本项选择又有许多子菜单，可以让用户选择硬件配置、存储模型、调试技术、代码优化、对话信息控制和宏定义。

Linker(连接器)：本菜单设置有关连接的选择项。

Environment(环境)：本菜单规定是否对某些文件自动存盘以及制表键和屏幕大小的设置。

Directories(路径)：规定编译、连接所需文件的路径，有如下选项：

- Include directories：包含文件的路径，多个子目录用“;”分开；
- Library directories：库文件路径，多个子目录用“;”分开；
- Output directory：输出文件(.OBJ, .EXE, .MAP 文件)的目录；
- Turbo C directory：Turbo C 所在的目录。

Save options(存储配置)：保存所有选择的编译、连接、调试和项目到配置文件中，缺省的配置文件为 TCCONFIG.TC。

(7) Debug(调试)菜单：按 Alt+D 可选择 Debug 菜单，该菜单主要用于查找错误。

3. Turbo C 2.0 的配置文件

所谓配置文件是包含 Turbo C 2.0 有关信息的文件，其中存有编译、连接的选择和路径等信息。

可以用下述方法建立 Turbo C 2.0 的配置文件：

(1) 建立用户自命名的配置文件：可以从 Options 菜单中选择 Options/Save options 命令，将当前集成开发环境的所有配置存入一个由用户命名的配置文件中。下次启动 TC 时只要在 DOS 下输入如下命令：

```
tc/c<用户命名的配置文件名>
```

就会按这个配置文件中的内容作为 Turbo C 2.0 的选择。

(2) 如果设置 Options/Environment/Config auto save 为 on，则退出集成开发环境时，当前的设置会自动存放到 Turbo C 2.0 配置文件 TCCONFIG.TC 中。Turbo C 在启动时会自动寻找这个配置文件。

附录B C语言关键字

auto	break	case	char	const	continue	default	do
double	else	enum	extern	float	for	goto	if
int	long	register	return	short	signed	sizeof	static
struct	switch	typedef	union	unsigned	void	volatile	while

附录C　运算符的优先级及其结合性

优先级	运算符	名　称	结合方向
1	( )	圆括号	
	[ ]	下标运算符	自左至右
	->	指向结构成员运算符	
	.	成员运算符	
2	!	逻辑非运算符	
	~	按位取反运算符	
	++	增 1 运算符	
	--	减 1 运算符	
	-	负号运算符	自右至左
	(类型)	类型转换运算符	
	*	间接访问运算符	
	&	取地址运算符	
	sizeof	长度运算符	
3	*	乘法运算符	
	/	除法运算符	自左至右
	%	取模运算符	
4	+	加法运算符	自左至右
	-	减法运算符	
5	<<	左移运算符	自左至右
	>>	右移运算符	
6	<　<=　>　>=	小于、小于等于、大于、大于等于运算符	自左至右
7	= =	等于运算符	自左至右
	!=	不等于运算符	
8	&	按位与运算符	自左至右
9	^	按位异或运算符	自左至右
10	|	按位或运算符	自左至右
11	&&	逻辑与运算符	自左至右

(续表)

优 先 级	运 算 符	名　　称	结合方向
12	||	逻辑或运算符	自左至右
13	? :	条件运算符	自右至左
14	=　+=　-=　*= /=　%=　>>=　<<= &=　^=　|=	赋值运算符	自右至左
15	,	逗号运算符	自左至右

附录D　C的常用函数库

一般的C编译系统都附有一个标准函数库，函数库中包含了常用的函数，但C编译系统不同，函数库中所提供的库函数的数目、函数名、函数的功能也不完全相同。本书列出的是ANSI C标准建议提供的、常用的部分库函数，供学习C编程者使用，如果需要更多的函数，可参阅相关的函数手册。

1. 数学函数

数学函数如表D.1所示，使用数学函数时，应该在程序的开头包含头文件“math.h”。

表D.1　数学函数

函数名	函数原型	功　能	返回值	说　明
abs	int abs(int x);	求整数x的绝对值	计算结果	
acos	double acos(double x);	计算arccosx的值	计算结果	x应在-1~1范围内
asin	double asin(double x);	计算arcsinx的值	计算结果	x应在-1~1范围内
atan	double atan(double x);	计算arctanx 的值	计算结果	
atan2	double atan 2 (double x ,double y);	计算arctany的值	计算结果	
cos	double cos (double x);	计算cosx的值	计算结果	x的单位为弧度
cosh	double cosh(double x);	计算x的双曲余弦coshx的值	计算结果	
exp	double exp(double x);	求 e^x 的值	计算结果	
fabs	double fabs(double x);	求实数x的绝对值	计算结果	
floor	double floor(double x);	求出不大于x的最大整数	该整数的双精度实数	
fmod	double fmod (double x ,double y);	求整数x/y的余数	返回余数的双精度数	
frexp	double frexp (double val, int*eptr);	把双精度数val分解为数字部分(尾数)x和以2为底的指数n，即val为 $x\times2^n$，n存放在eptr指向的的变量中	返回数字部分 x0.5≤x<1	

(续表)

函数名	函 数 原 型	功　能	返 回 值	说　明
log	double log (double x);	$\log_e x$，即 ln x	计算结果	
log10	double log10(double x);	$\log_{10} x$	计算结果	
modf	double modf (double val , double*iptr);	把双精度数 val 分解为整数部分和小数部分，把整数部分存到 iptr 指向的单元	Val 的小数部分	
pow	double pow (double x , double y);	计算 x^y 的值	计算结果	
rand	int rand (viod);	产生 0~32767 间的随机整数	随机整数	
sin	double sin(double x);	计算 sinx 的值	计算结果	x 单位为弧度
sinh	double sinh(double x);	计算 x 的双曲正弦函数 sinhx 的值	计算结果	
sqrt	double sqrt(double x);	计算 x 的平方根	计算结果	x≥0
tan	double tan(double x);	计算 tanx 的值	计算结果	x 单位为弧度
tanh	double tanh(double x);	计算 x 的双曲正切函数 tanhx 的值	计算结果	

2. 字符函数和字符串函数

ANSI C 标准要求在使用字符串函数时要包含头文件“string.h”，在使用字符函数时要包含头文件“ctype.h”。字符函数和字符串函数如表 D.2 所示。

表 D.2　字符函数和字符串函数

函数名	函 数 原 型	功　能	返 回 值	包含文件
isalnum	int isalnum(int ch);	检查 ch 是否是字母(alpha)或数字(numeric)	是字母或数字返回 1，否则返回 0	ctype.h
isalpha	int isalpha(int ch);	检查 ch 是否是字母	是，返回 1；不是返回 0	ctype.h
iscntrl	in isdigit(int ch);	检查 ch 是否是控制字符(其 ASCII 码在 0~0x1F 之间)	是，返回 1；不是返回 0	ctype.h
isdigit	int issigit (int ch);	检查 ch 是否是数字(0~9)	是，返回 1；不是返回 0	ctype.h
isgraph	int isgraph(int ch);	检查 ch 是否是可打印字符(其 ASCII 码在 0x21~0x7E 之间)，不包括空格	是，返回 1；不是返回 0	ctype.h
islower	int islower(int ch);	检查 ch 是否是小写字母(a~z)	是，返回 1；不是返回 0	ctype.h

(续表)

函数名	函 数 原 型	功　能	返回值	包 含 文 件
isprint	int isprint(int ch);	检查 ch 是否是可打印字符(包括空格)，其 ASCII 码在 0x20~0x7E 之间	是，返回 1；不是返回 0	ctype.h
ispunct	int ispunct(int ch);	检查 ch 是否是标点字符(不包括空格)，即除字母、数字和空格以外的所有可打印字符	是，返回 1；不是返回 0	ctype.h
isspace	int isspace(int ch);	检查 ch 是否是空格、跳格符(制表符)或换行符	是，返回 1，不是返回 0	ctype.h
isupper	int isupper(int ch);	检查 ch 是否是大写字母(A~Z)	是，返回 1；不是返回 0	ctype.h
isxdigit	int isxdigit(int ch);	检查 ch 是否是一个 16 进制数字字符(即 0~9，或 A~F，或 a~f)	是，返回 1；不是返回 0	ctype.h
strcat	char*strcat(char*str1, char*str2);	把字符串 str2 接到 str1 后面，str1 最后面的‘\0’被取消	str1	string.h
strchr	char**strchr(char*str, int ch);	找出 str 指向的字符串中第 1 次出现字符 ch 的位置	返回指向该位置的指针，如找不到，则返回空指针	string.h
strcmp	int strcmp(char *str1,char*str2);	比较两个字符串 str1、str2	str1<str2，返回负数 str1=str2，返回 0，str1>str2，返回正数	string.h
strcpy	char*strcpy(char*str1, char *str2);	把 str2 指向的字符串复制到 str1 中去	返回 str1	string.h
strlen	unsigned int strlen (char *str);	统计字符串 str 中字符的个数(不包括终止符‘\0’)	返回字符个数	string.h
strstr	char*strstr(char *str1, char *str2);	找出 str2 字符串在 str1 字符串中第一次出现的位置(不包括 str2 的串结束符)	返回该位置的指针，如找不到，返回空指针	string.h
tolower	int tolower(int ch);	将 ch 字符转换为小写字符	返回 ch 所代表的字符的小写字母	ctype.h.h
toupper	int toupper(int ch);	将 ch 字符转换为大写字符	与 ch 相应的大写字母	ctype.h

3. 输入输出函数

使用输入输出函数时，应包含头文件“stdio.h”，表 D.3 列出了常用输入输出函数。

表D.3　输入输出函数

函数名	函数原型	功　能	返回值	说　明
clearer	void clearer(FILE*fp);	清除文件指针错误指示器	无	
close	int close(int fp);	关闭文件	关闭成功返回0，不成功，返回-1	非ANSI标准
creat	int creat(char*filename, int mode);	以mode所指定的方式建立文件	成功返回正数，否则返回-1	非ANSI标准
eof	int eof(int fd);	检查文件是否结束	遇文件结束，返回1；否则返回0	非ANSI标准
fcolse	int fclose(FILE*fp);	关闭fp所指的文件、释放文件缓冲区	有错返回非0，否则返回0	
feof	int feof(FILE*fp);	检查文件是否结束	遇文件结束符返回非零值，否则返回0	
fgetc	int fgetc(FILE*fp);	从fp所指定的文件中取得下一个字符	返回所得到的字符；如果读入出错，返回EOF	
fgets	char*fgets(char*buf,intn,FILE*fp);	从fp指向的文件读取一个长度为(n-l)的字符串，存入起始地址为buf的空间	返回地址buf，如果遇文件结束或出错，则返回NULL	
fopen	FILE*fopen(char*filename, char*mode);	以mode指定的方式打开名为filename的文件	成功，返回一个文件指针(文件信息区的起始地址)，否则返回0	
fprintf	int print(FILE*fp,char*format, args,…);	把args的值以format指定的格式输出到fp所指定的文件中	实际输出的字符数	
fputc	int fputc(char ch,FILE*fp);	将字符ch输出到fp指向的文件中	成功，返回该字符；否则返回非0	
fputs	int fputs(char *str,FILE*fp);	将字符串str输出到fp指向的文件中	成功，则返回0；否则返回非0	
fread	int fread(char*pt,unsigned size,unsigned n,FILE*fp);	从fp所指定的文件中读取长度为size的n个数据项，存到pt所指向的内存区	返回所读的数据项个数，如遇文件结束或出错返回0	

(续表)

函数名	函 数 原 型	功　能	返 回 值	说　明
fscanf	int fscanf(FILE*fp, char format, args,…);	从 fp 所指定的文件中按 format 给定的格式将输入数据送到 args 所指向的内存单元(args 是指针)	已输入的数据个数	
fseek	int fseek(FILE *fp, long offset, int base);	将 fp 所指定的文件的位置指针移到以 base 所指出的位置为基准，以 offset 为位移量的位置	成功返回当前位置，否则，返回-1	
ftell	long ftell(FILE*fp);	返回 fp 所指向的文件中的读写位置	返回 fp 文件所指向的文件中的读写位置	
fwrite	int fwrite(char*ptr,unsigned size,unsigned n,FILE*fp);	把 ptr 所指向的 n*size 个字节输出到 fp 所指向的文件中	写到 fp 文件中的数据项的个数	
getc	int getc(FILE *fp);	从 fp 所指向的文件中读入一个字符	返回所读的字符，如果文件结束或出错，返回 EOF	
getchar	int getchar(void);	从标准输入设备读取下一个字符	返回所读字符，如果文件结束或出错，则返回-1	
getw	int getw(FILE *fp);	从 fp 所指向的文件读取下一个字(整数)	返回输入的整数，如文件结束或出错则返回-1	非 ANSI 标准函数
open	int open(char*filename,int mode);	以 mode 指出的方式打开已存在的名为 filename 的文件	返回文件号(正数)，如打开失败则返回-1	非 ANSI 标准函数
printf	int printf(char* format, args…);	按 format 指向的格式字符串所规定的格式，将输出列表 args 的值输出到标准输出设备，format 可以是一个字符串，或字符数组的起始地址	返回输出字符的个数，如果出错则返回负数	
putc	int putc(int ch,FILE*fp);	把一个字符 ch 输出到 fp 所指的文件中	返回输出的字符 ch，如果出错则返回 EOF	

(续表)

函数名	函 数 原 型	功　能	返 回 值	说　明
putchar	int putchar(char ch);	把字符ch输出到标准输出设备	返回输出的字符ch，如果出错则返回EOF	
puts	int puts(char*str);	把str指向的字符串输出到标准的设备，将‘\0’转换为回车换行	返回换行符，如果失败则返回EOF	
putw	int putw(int w,FILE*fp);	将一个整数w(即一个字)写到fp指向的文件	返回输出的整数，如果出错则返回EOF	非ANSI标准函数
read	int read (int fd , char*buf , unsigned count);	从文件号fd所指示的文件中读count个字节到由buf指示的缓冲区中	返回真正读入的字节个数，如遇文件结束返回0，出错则返回-1	非ANSI标准函数
rename	int rename(char*oldname, char* newname);	把由oldname所指的文件名，改为由newname所指的文件名	成功返回0，出错返回-1	
rewind	void rewind(FILE *fp);	将fp指示的文件中的位置指针置于文件开头位置，并清除文件结束标志和错误标志	无	
scanf	int scanf(char*format, args,…);	从标准输入设备按format指向的格式字符串所规定的格式，输入数据给args所指向的单元	读入并赋给args的数据个数，如遇文件结束返回EOF，出错则返回0	args为指针
write	int write(intfd ,char*buf , unsigned count);	从buf指示的缓冲区输出count个字符到fd所标志的文件中	返回实际输出的字节数，如出错则返回-1	非ANSI标准函数

4．内存分配和管理函数

使用内存分配和管理函数时应包含头文件“malloc.h”，如表D.4所示。

表D.4　动态存储分配函数

函数名	函数和形参类型	功　能	返回值
calloc	void*calloc(unsigned n,unsign size);	分配n个数据项的内存连续空间，每个数据项的大小为size	分配内存单元的起始地址。如不成功，返回0
free	void free(void*p);	释放p所指的内存区	无

(续表)

函数名	函数和形参类型	功　能	返回值
malloc	void*malloc(unsigned size);	分配 size 字节的存储区	所分配的内存区地址，如果内存不够，返回 0
realloc	void*realloc(voic *p,unsigned size);	将 p 所指的已分配内存区的大小改为 size。size 可以比原来分配的空间大或小	返回指向该内存区的指针

附录E　ASCⅡ码表

十进制	二进制	八进制	十六进制	字　符	按　键
0	0000000	00	00	NUL	Ctrl+@
1	0000001	01	01	SOH	Ctrl+A
2	0000010	02	02	STX	Ctrl+B
3	0000011	03	03	ETX	Ctrl+C
4	0000100	04	04	EOT	Ctrl+D
5	0000101	05	05	ENQ	Ctrl+E
6	0000110	06	06	ACK	Ctrl+F
7	0000111	07	07	BEL	Ctrl+G
8	0001000	10	08	BS	Ctrl+H
9	0001001	11	09	HT	Ctrl+I
10	0001010	12	0A	LF	Ctrl+J
11	0001011	13	0B	VT	Ctrl+K
12	0001100	14	0C	FF	Ctrl+L
13	0001101	15	0D	CR	Ctrl+M
14	0001110	16	0E	SO	Ctrl+N
15	0001111	17	0F	SI	Ctrl+O
16	0010000	20	10	DLE	Ctrl+P
17	0010001	21	11	DC1	Ctrl+Q
18	0010010	22	12	DC2	Ctrl+R
19	0010011	23	13	DC3	Ctrl+S
20	0010100	24	14	DC4	Ctrl+T
21	0010101	25	15	NAK	Ctrl+U
22	0010110	26	16	SYN	Ctrl+V
23	0010111	27	17	ETB	Ctrl+W
24	0011000	30	18	CAN	Ctrl+X
25	0011001	31	19	EM	Ctrl+Y
26	0011010	32	1A	SUB	Ctrl+Z
27	0011011	33	1B	ESC	Esc
28	0011100	34	1C	FS	Ctrl+\

(续表)

十进制	二进制	八进制	十六进制	字　符	按　键
29	0011101	35	1D	GS	Ctr1+]
30	0011110	36	1E	RS	Ctr1+=
31	0011111	37	1F	US	Ctr1+[illegible]
32	0100000	40	20	SP	Spacebar
33	0100001	41	21	!	!
34	0100010	42	22	“	“
35	0100011	43	23	#	#
36	0100100	44	24	$	$
37	0100101	45	25	%	%
38	0100110	46	26	&	&
39	0100111	47	27	‘	‘
40	0101000	50	28	(	(
41	0101001	51	29	)	)
42	0101010	52	2A	*	*
43	0101011	53	2B	+	+
44	0101100	54	2C	,	,
45	0101101	55	2D	-	-
46	0101110	56	2E	.	.
47	0101111	57	2F	/	/
48	0110000	60	30	0	0
49	0110001	61	31	1	1
50	0110010	62	32	2	2
51	0110011	63	33	3	3
52	0110100	64	34	4	4
53	0110101	65	35	5	5
54	0110110	66	36	6	6
55	0110111	67	37	7	7
56	0111000	70	38	8	8
57	0111001	71	39	9	9
58	0111010	72	3A	:	:
59	0111011	73	3B	;	;
60	0111100	74	3C	<	<
61	0111101	75	3D	=	=
62	0111110	76	3E	>	>

(续表)

十进制	二进制	八进制	十六进制	字　符	按　键
63	0111111	77	3F	?	?
64	1000000	100	40	@	@
65	1000001	101	41	A	A
66	1000010	102	42	B	B
67	1000011	103	43	C	C
68	1000100	104	44	D	D
69	1000101	105	45	E	E
70	1000110	106	46	F	F
71	1000111	107	47	G	G
72	1001000	110	48	H	H
73	1001001	111	49	I	I
74	1001010	112	4A	J	J
75	1001011	113	4B	K	K
76	1001100	114	4C	L	L
77	1001101	115	4D	M	M
78	1001110	116	4E	N	N
79	1001111	117	4F	O	O
80	1010000	120	50	P	P
81	1010001	121	51	Q	Q
82	1010010	122	52	R	R
83	1010011	123	53	S	S
84	1010100	124	54	T	T
85	1010101	125	55	U	U
86	1010110	126	56	V	V
87	1010111	127	57	W	W
88	1011000	130	58	X	X
89	1011001	131	59	Y	Y
90	1011010	132	5A	Z	Z
91	1011011	133	5B	[	[
92	1011100	134	5C	\	\
93	1011101	135	5D	]	]
94	1011110	136	5E	^	^
95	1011111	137	5F	_	_
96	1100000	140	60	、	、

(续表)

十进制	二进制	八进制	十六进制	字　符	按　键
97	1100001	141	61	a	a
98	1100010	142	62	b	b
99	1100011	143	63	c	c
100	1100100	144	64	d	d
101	1100101	145	65	e	e
102	1100110	146	66	f	f
103	1100111	147	67	g	g
104	1101000	150	68	h	h
105	1101001	151	69	i	i
106	1101010	152	6A	j	j
107	1101011	153	6B	k	k
108	1101100	154	6C	l	l
109	1101101	155	6D	m	m
110	1101110	156	6E	n	n
111	1101111	157	6F	o	o
112	1110000	160	70	p	p
113	1110001	161	71	q	q
114	1110010	162	72	r	r
115	1110011	163	73	s	s
116	1110100	164	74	t	t
117	1110101	165	75	u	u
118	1110110	166	76	v	v
119	1110111	167	77	w	w
120	1111000	170	78	x	x
121	1111001	171	79	y	y
122	1111010	172	7A	z	z
123	1111011	173	7B	{	{
124	1111100	174	7C	|	|
125	1111101	175	7D	}	}
126	1111110	176	7E	~	~
127	1111111	177	7F	Del	Del

参考文献

[1] 谭浩强 编著．C 程序设计(第二版)．北京：清华大学出版社，1999

[2] 张基温 编著．新概念 C 语言程序设计．北京：中国铁道出版社，2003

[3] 何钦铭，颜晖，杨起帆 编著．C 语言程序设计．北京：人民邮电出版社，2003

[4] 洪维恩 编著．C 语言程序设计．北京：中国铁道出版社，2003

[5] 顾元刚等编著．C 语言程序设计教程．北京：机械工业出版社，2004

[6] 周必水，沃钧军，边华 编著．C 语言程序设计．北京：科学出版社，2004

[7] Brian W. Kernigham, Dennis M. Ritchie. The C Programming Language(C 程序设计语言 第二版)．北京：机械工业出版社，2004

[8] 黄迪明 编著．C 语言程序设计．北京：电子工业出版社，2005

[9] 朱承学 编著．C 语言程序设计教程．北京：中国水利水电出版社，2006

[10] Richard Johnsonbaugh，Martin Kalin 著．杨季文，吕强 译．ANSI C 应用程序设计．北京：清华大学出版社，2006